探访造物者系列

恐龙真相探秘

主编◎刘小沙

WUHAN UNIVERSITY PRESS
武汉大学出版社

图书在版编目（CIP）数据

恐龙真相探秘 / 刘小沙主编. -- 武汉：武汉大学出版社，
2013.6
ISBN 978-7-307-11123-3

Ⅰ.①恐… Ⅱ.①刘… Ⅲ.①恐龙-青年读物②恐龙
-少年读物 Ⅳ.①Q915.864-49

中国版本图书馆 CIP 数据核字（2013）第 146738 号

责任编辑：瞿　嵘　吴惠君

出版发行：**武汉大学出版社**　　（430072　武昌　珞珈山）
（网址：www.wdp.com.cn）

印　　刷：永清县晔盛亚胶印有限公司
开　　本：787mm×1092mm　1/16
印　　张：12
字　　数：150 千字
版　　次：2013 年 6 月第 1 版
印　　次：2013 年 7 月第 1 次印刷
书　　号：ISBN 978-7-307-11123-3
定　　价：23.80 元

前　言

　　从浩瀚神秘的宇宙到绚烂多姿的地球，从远古生命的诞生到恐龙的兴盛和衰亡，从奇趣无穷的动植物王国到人类成为世界的主宰，地球经过了沧海桑田的巨大变化，而人类也在这变化中不断改变、不断进步，从钻木取火、刀耕火种的原始社会逐步向机械化、自动化、数字化的社会迈进。

　　在时光的变迁中，灾难与机遇并存，社会每前进一步都会带来知识的更迭和文明的更新。随着人类知识的增长，对世界认识的加深，疑惑也接踵而至。人类开始思考和探寻：为什么我们会生活在地球中？为什么人类能成为这个世界的主宰？难道恐龙真的存在过吗？

　　每一个问题都值得我们用毕生的经历去探寻与解答。随着科学知识的发展，我们对宇宙和生命的认识和了解也不断加深，知道了很多我们无法想象的宇宙奥秘。但生命的课题实在太深奥，造物者的伟大几乎无人能及，我们所掌握的所有信息和知识只不过是世界的冰山一角。

　　除了宇宙和生命的奇迹，造物者带给我们的惊喜还有很多。古老的地球，从诞生的那一刻起，就在接受造物者的改造。而今，呈现在我们面前的，便是一个又一个令人震撼的奇景：山川飞瀑，绝壁峭崖，深谷幽峡，怪石奇洞，大漠黄沙……任何一处奇观都美得让人窒息，奇得令人惊叹。比如那雄奇峻伟的喜马拉雅山，一望无垠的撒哈拉沙漠，面积与法国相当的南极洲罗斯冰架，地球最深的伤痕东非大裂谷，还有保存完整的西非原始森林等。

大自然创造了这么多奇观，让人类在拜服它的神奇魔力的同时，不禁产生了疑问，造物者到底是如何做到这些的？其中是否蕴藏着更多让人惊叹的奥秘？

人类的好奇心永远不会得到满足，我们也绝不会停止探索的脚步。《探访造物者系列》用生动流畅的语言，加上精美绝伦的图片，向读者全方位展示了造物者进行伟大创造的全过程，带领我们慢慢地靠近那神秘诡异、扑朔迷离的神奇地域，深入地了解宇宙奥秘，探寻生命的延续过程。

目　录

第一章　千万年前恐龙的风姿

恐龙究竟是什么

早在太古洪荒年代，地球上就居住着一群奇特生物，那就是恐龙。它们大都身形庞大，在当时曾经称霸地球，生存了近一万五千年之久，最后却神奇地灭绝了。今天我们所知有关恐龙的一切，都是由恐龙化石得来的。

恐龙种类繁多，体形和习性相差也很大。其中个子比较大的，可以有几十头大象加起来那么大；小的，却跟一只鸡差不多。就食性来说，恐龙有温驯的素食者和凶暴的肉食者，还有荤素都吃的杂食性恐龙。

恐龙的种类很多，科学家们根据它们骨骼化石的形状，把它们分成两大类，一类叫做鸟龙类，一类叫做蜥龙类。根据它们的牙齿化石，还可以推断出是食肉类还是食草类。这只是大概的分类，根据恐龙骨骼化石的复原情况，我们发现，其实恐龙不仅种类很多，它们的形状更

恐龙骨架

是无奇不有。这些恐龙有在天上飞的，有在水里游的，有在陆上爬的。下面我们就来大概认识一下它们吧。

翼手龙生活在白垩纪，它们的骨骼在欧洲被发现。翼手龙并不是很大，它的翅膀不过 22 厘米左右。但是有一种风神翼龙的翅膀却长达 12 米，像公共汽车那么大。美国科学家曾经发现过一种翼龙，它的翅膀长达 15 米以上，如果我们今天能看到它，说不定会以为是飞机在天上飞呢。很多会飞的鸟龙都有些像今天的蝙蝠，它们好像是用一双手撑起巨大的翅膀，于是，又有翅膀又有利爪成了它们的一大特点。有人认为，后来的鸟类就是由它们演化来的。

在甘肃发现的北山龙是目前世界上发现最大的似鸟龙

体形巨大的翼龙是怎么飞上天的？对此，科学家们有不同的认识。一些人认为，那些巨大的翼龙根本就不会飞，它们不能像鸟儿一样扇动自己的翅膀，但是它们可以先爬到高处，迎风张开巨大的双翼，这样就可以借助上升气流，使自己在空中滑翔。另一些人认为，翼龙翅膀上的膜非常坚硬，而且翅膀的外侧有像框架一样的筋骨相连，所以它们能像鸟儿一样扇动翅膀。由于它们的翅膀非常大，稍稍拍动一下就可以获得巨大的反作用力，使自己飞起来。这两种观点究竟哪一个是正确的，目前还没有结论，也许不久的将来，就可以破解。

在恐龙统治陆地的时候，海洋也同样被一些巨大的爬行动物占领着。它们与陆地上的恐龙和空中的翼龙是近亲，也用肺呼吸空气，一般也产卵。它们是海洋中的霸主，有些长着锋利的牙齿，为的是捕食其他鱼类。这些爬行动物多多少少长得有些像今天的鱼类，有人就认为它们是鱼变的，也有人认为今天的鱼是它们变的。这些海中巨怪也有不少种类，像我们今天有的鳗、龟、蛇、鳄等，过去也都有相似的种类，如鳗龙、蛇颈龙等。薄板龙是最长的蛇颈龙，全长可达 15 米。它的脖子大约为躯干的两倍。

鳗龙是蛇颈龙的一种，在日本发现过它们的化石，经测量，它们的身长约七八米，而且它们有锋利的牙齿。

科学家们在发掘原角龙巢穴的时候意外地发现了一具小型恐龙化石。它跑到原角龙的巢里去做什么？经过研究，原来它是一个专门偷吃恐龙蛋的小坏蛋。它的嘴里没有牙齿但有一根尖刺，那就是它用来刺破恐龙蛋并吸取蛋汁用的工具。

陆地上的恐龙是我们最熟悉的了，这也许是因为它们的骨骼化石更容易被保留下来的缘故。现在发现的这类恐龙很多，有兽龙类，如异齿龙；剑龙类，如剑龙；甲龙类，如森林龙；角龙类，如三角龙；雷龙类，如雷龙等。

生存于侏罗纪晚期四只脚的食草动物的剑龙还原模型

异齿龙是一种凶猛可怕的食肉恐龙，它的一张大嘴可以一下子吞下一头小猪。它的牙齿全都向里弯曲，猎物被它咬住就休想逃出来。

原角龙生蛋时，往往是几只雌龙共用一个窝，大家轮流一圈一圈地产蛋。看来它们非常讲团结呢。

三角龙是角龙的一种。它的鼻子上有一只角，像犀牛；眼睛上有两只角，又像牛。这三只角都有 1 米长，是它们打架的有力武器。

栉龙的头上长着一个引人注目的管子，里边有细细的通道。空气经过时就会发出低沉的声音，可以用来吓跑敌人。也有人认为，那是它们在潜水时用来通气用的，究竟是做什么用的，目前还没有定论。

雷龙是恐龙中最大的一种，有的身长达 30 米以上，有 6 层楼那么高。它们都是食草或树叶的动物。我们在博物馆见到的一些恐龙化石，大多就是这种恐龙。

"恐龙"之名的诞生

其实，人类很早以前就对恐龙有所了解。欧洲人知道地下埋藏有许多奇形怪状的巨大骨骼化石。但是，当时人们并不知道它们的确切归属，因此一直误认为是"巨人的遗骸"。至于中国人，早在两千多年前就开始采集地下出土的大型古动物化石入药，并把这些化石叫做"龙骨"。谁能肯定，这"龙骨"之名与恐龙化石的发现就没有联系呢？但是。直到曼特尔夫妇发现了禽龙并与鬣蜥进行了对比，科学界才初步确定了这是一种类似于蜥蜴的、早已灭绝的爬行动物。因此，随后发现的新类型的恐龙以及其他一些古老的爬行动物，名称全都和蜥蜴有关，例如"像鲸鱼的蜥蜴"、"森林的蜥蜴"等。同时，引起人们注意的这些远古动物化石，最初往往是因为个体巨大，加之奇形怪状，确实令人恐怖。

随着这些令人恐怖而类似于蜥蜴的远古动物的化石不断被发现和发掘，它们的种类积累得越来越多，许多动物学家已经开始意识到它

收藏在博物馆内的经拼接的完整的恐龙骨骼化石

们在动物分类学上应该自成一体。到了 1842 年，英国古生物学家欧文爵士用拉丁文给它们创造了一个名称，这个拉丁文由两个词根组成，前面的词根意思就是"恐怖的"，后面的词根意思就是"蜥蜴"。从此，"恐怖的蜥蜴"就成了这一大类彼此有一定的亲缘关系、但是在外形上却表现得形形色色的爬行动物的统称。中国人则既有想象力又有概括力，把这个拉丁名翻译成了"恐龙"。

现在我们知道，恐龙家族中确实有许多令人恐怖的庞然大物，但是也有一些小巧可爱的"小东西"。如果你到北京动物园西边不远的中国古动物馆去看一看，从身长不足 1 米的鹦鹉嘴龙到身长达 22 米的马门溪龙，大小不一、形态各异的各种恐龙一定会使你对恐龙世界有一个更为全面的了解。

恐龙主宰世界之谜

35 亿年前，地球上开始出现原始细菌。由此，生命从简单到复杂，从低级到高级。美丽的地球变得丰富多彩。然而在生物界不断发展的过程中，一些物种出现后又消失了，对此我们并不奇怪，因为物种灭绝实际上是生物演化的一个必然阶段。

一些种群发展到一定的时期就会结束它们的使命，由此产生的空间，将会有新的种群来占据，这就是生物界的新陈代谢。有相当多的种类，我们甚至从来就不知道它们的名字，出现或者消失似乎都无足轻重，但有一些种类，对地球的影响非常大，于是地质学家就给它们打上了时代的烙印。

例如三叶虫，这类生物绝迹的时候，地质史上就此作为古生代的结束。恐龙当然也不例外，中生代白垩纪就以恐龙灭绝为结束之界。但恐龙的影响绝不仅此而已，原因很简单，那就是恐龙是一类曾经繁盛无比

生物学家挖掘发现的三叶虫的化石

的动物，它傲视一切与它同时代的天地之物，却在短时间内销声匿迹。究竟发生了什么事？人类既然无法亲眼目睹，那就只有让科学来回答了。

于是古生物学家挖地三尺，搜寻一切可以找到的化石，把琐碎的骨头连接起来。挖掘的结果使科学家们发现，从地理范围来看，恐龙几乎无所不在，欧洲、亚洲、非洲、美洲、南极大陆都有恐龙化石出土，一向被认为是资源匮乏的日本，居然发现了大量的恐龙化石群。从形态特征来看，它们像爬行类，四肢健壮有力，并通过产蛋来孵化小生命；从个体大小来看，它们可以称得上是迄今为止发现的最大的陆生动物；根据化石推断出个体最重的可以达到100吨，而现在地球上陆生动物中的老大——非洲象只不过7吨重。在很长一段时间内，研究恐龙的科学家们的主要工作就是寻找恐龙化石。

随着化石证据的不断增多，关于恐龙的研究也发展到了习性、生理、生态等各个领域。一个又一个的问题被解决了，但一个又一个的谜团又滋生了出来。人们发现，不能简单地把恐龙列为爬行动物，因为有人提出了恐龙是恒温动物的说法。还有证据表明，有些恐龙甚至会照看自己的孩子，这一习性对于爬行动物如蛇、鳄、龟、蜥蜴来说是难以想象的。最关键的是，恐龙这种盛极一时的动物到底是如何灭亡的？直到今天，科学家们对这个问题还在不断的推测之中。虽然有些学说听上去非常令人心动，但终究留有破绽。于是，谜面只好继续存在下去。但是让人担忧的是，人类有时候也把自己比做恐龙，因为事实上我们已经统治了地球很长时间。如果我们不能明了恐龙灭绝的原因，天知道什么时候，人类也会步恐龙的后尘！

我们可以利用科学做武器不断地探索和发现。从遥远神秘的寒武纪开始，寻找任何有关恐龙的痕迹，去探求它们那扑朔迷离的神话，去了解它们的诸多未解之谜，为我们的生活添加些许宁静和色彩。

恐龙习性之谜

在今天的动物王国中，有各式各样奇妙而有趣的动物生活着。它们的外表形态是显而易见、易于观察的，但生活习性就不同了，没有长时间的观察和第一手观测资料的积累，就很难了解到某种或者某类动物在自然环境条件下固有的生活特性。由此可见，对恐龙这类灭绝动物生活真相的了解，难度是很大的。好在发现的恐龙足迹化石，以及一些恐龙化石埋藏状况所蕴含的种种信息为我们揭开恐龙的习性之谜，提供了难得的线索。

群居

根据恐龙骨骼群体埋藏以及足迹群的发现，我们有理由认为许多大型植食性恐龙都是习惯于群居生活的，就像今天的羚羊和大象一样，成群结队地活动。群体移动时，大家都向着一个共同的方向前进。为满足群体取食大量食物的需要，它们经常转移"牧场"。在美国得克萨斯州的班德拉城的一个化石地点，曾发现有 23 条雷龙的行迹，步子都朝着一个方向，由较大脚印组成的行迹居外，小脚印行迹居中，这就证明了雷龙有群居生活的特性，且雷龙群在活动时还有相当的组织性哩！

小型的肉食性恐龙，如虚骨龙类，它们身体轻巧，腿长善跑，动作敏捷，其奔跑速度可能不亚于今天的鸵鸟。它们过着群居的生活，几十只生活在一起。追捕猎物时，如同今天的狼群一样，依靠群体的力量围猎比自己大得多的动物，然后共同分割。鸟脚类恐龙，两足行走，行动迅速，也是群居生活。它们大都生活在苏铁、硬叶灌木密集的地区。在国外，曾多次发现鸭嘴龙、禽龙群体埋藏的情况。

头较小，颈、尾巴和肢骨较长的虚骨龙

角龙、甲龙也是群居的。1989年，在内蒙古乌拉特后旗巴音满都呼地区发现了一个以甲龙、原角龙为主的恐龙化石堆积地点，发掘采集到甲龙31具、原角龙93具，以及少量兽脚类和恐龙蛋等。颇有趣味的是这31具甲龙全是幼年个体，大多数体长1米左右，几乎只是成年个体的1/4或1/6长。保存这些化石的环境，还显示这些幼年甲龙是在沙丘间躲避风暴时被埋葬的。由此我们可以想象，当灭顶之灾到来时，体力强健的成年甲龙以较快的速度躲过了这场灾难。在那一刻，它们也来不及顾及自己的幼仔了。

独居

由于很少发现剑龙类恐龙骨架集中埋藏，因此，推测这类恐龙的数量相对较少，在庞大的恐龙家族中，剑龙类的境况不佳，缺乏明显的竞争优势，所以成了最早绝灭的类群。从已有的发现看，剑龙类恐龙尽管孤立地单个埋藏，但化石大都保存完好。如在中国四川省自贡市境内发现的一具剑龙，不仅骨架相当完整，而且还伴有皮肤化石！鉴于上述情况，有科学家认为，剑龙类恐龙很可能是单独生活的。剑龙类恐龙是恐龙家族中性格最为"孤僻"的素食者。

大型的肉食恐龙，如永川龙、霸王龙等，可能像今天的虎、狮一样，除了在繁殖的季节雌、雄个体生活在一起外，多数时候则是独来独往，单独生活的。

总之，多数植食性恐龙及小型肉食性恐龙过群居生活，而大型的肉食性恐龙喜欢独居。在恐龙的群体内，很可能有其社会性：幼年个体受成年个体保护；雌性个性多于雄性个体，并接受雄性恐龙的支配。

恐龙食量之谜

你知道吗？一头4吨重的大象一天的食物量大约在300千克以上。一般来说，哺乳类动物每天的食物摄入量大概为体重的10%左右。这些食物将转化成必要的能量，以维持体能和体温。但是变温动物就不同了，一条蛇一次吞下的食物可以相当于它的体重，当然，在余下的很长一段时间内，它也可以不吃不喝地平安度日。那么，恐龙的食量如何呢？就我们现在知道的事实，有些恐龙的体重可达几十吨甚至上百吨，如果它每天的饭量也按体重的10%来计算的话，岂不是每天要消耗数吨乃至十几吨食物！计算下来肉食性恐龙大概每天要击杀一条小型恐龙，而草食性恐龙似乎每天要横扫一大片草原或者森林，否则，连苟延残喘都很困难。

事实当然不会是这样。据计算，草食性恐龙每天的食量大概是其身体重量的1%。差别怎么会那么大呢？原来，秘密就在于它庞大的身躯。哺乳类或者鸟类频繁地进食，是因为它们本身的储能少，不这样做，身体的能量供应就会接不上；而恐龙身体中固有的能量多，进食只要维持基本需要就可以了。

对于霸王龙这样的肉食性恐龙来说，情况可能与现在的狮子、老虎或者龟、蛇差不多，只要成功地狩猎一次，几天没有食物也不至于饿得慌。

那么，科学家把恐龙分成草食性和肉食性，这种分类的根据又是什

一种大型的肉食性恐龙,身长约 13 公尺,体重约 7 公吨的**霸王龙**

么呢?我们还得回头看看化石,不过,现在要看的是粪便化石。

古生物学家拿到粪便化石后,就把它们切开,放在显微镜下观察。如果其中含有茎或者叶,那么,就可以判定这是草食性恐龙的粪便化石。如果再与植物学家配合研究,连恐龙吃的究竟是什么种类植物也可以知道得清清楚楚。

至于这些粪便化石究竟来源于哪一种恐龙,这是一个综合性的问题,不过专家们也有办法;因为在粪便化石出土的同一地层中,一定有恐龙化石出土,根据各种恐龙化石的多少和粪便化石的数量,大致可以推测出哪一类恐龙产什么样的粪便。这样,恐龙的饮食结构也就能大致了解了。

以上的解释只限于草食性恐龙,至于肉食性恐龙的食性,到现在为止大家还只是猜测。因为即使恐龙的胃中残存着一些骨头,也是一些碎片,根本就不能据此得出什么结论。所以,我们说霸王龙如何穷追猛打、生吞活剥它的猎食对象,充其量也只是大胆的想像。

在多数草食性恐龙的胃中存有几十颗石头,大小不一,小到鸡蛋样,大至拳头般,我们称之为胃石。在美国新墨西哥州侏罗纪地层中挖出的一条地震龙的肋骨间,科学家竟然找到 230 颗胃石,真是骇人听闻。

胃石在恐龙消化食物的过程中起什么作用呢?原来,恐龙不能分解食物的纤维素,它必须依靠消化道中的微生物来分解这些纤维素。为了更有利于消化吸收，恐龙就要把食物弄得碎一点、再碎一点。于是，它对食物建立了两道加工工序，第一道是牙齿，每一次进食时恐龙都是细嚼慢咽；第二道就是胃石，可把磨得还不够碎的食物在胃里再次处理。经过这样两道工序，留给微生物的工作就轻松得多了，而恐龙也达到了将食物转化成能量的目的。所以，当你发现恐龙的胃中有大量石头时，一点也不要奇怪，这是它们赖以生存的一种工具。恐龙具体的饭量是多少，仍然只是在猜测之中。

恐龙发声之谜

在现生的爬行动物中，真正能发声的不多。蛇在发怒时能发出"嘶嘶"声，与蛇血缘很近的蜥蜴也能发出这种声音。有的则会"吱吱"或"喋喋"地叫。应该说，它们的叫声都不怎么像样。现代爬行动物中真正能吼叫的是鳄鱼。南美洲的宽嘴鳄的嗓门最大，能发出"如雷贯耳"的惊人鸣声，被认为是世界上能发出最大声响的动物之一。

有人认为，头上长有棘突状饰物的鸭嘴龙，能发出一种类似巴松管（西洋乐器）那样的声音，因为在其棘突中有弯曲的管道，能产生共振，发出声响。

大个子的蜥脚类恐龙（马门溪龙、雷龙、梁龙等）没有声带，它们可能是一些"哑巴"，顶多只能像蛇那样发出"嘶嘶"声。霸王龙也许能发出虎啸般的吼声。一些小

带冠的鸭嘴龙类

型的兽脚类恐龙（其中有鸟的祖先类型）可能会像鸟那样鸣叫。当然它们的歌喉不可能达到百灵鸟那样高的水平，但发出像鸡、鸭、鹅、乌鸦那样粗俗难听的叫声，还是能做到的。

当然，恐龙的叫声谁也没有听到过，这些都是为了了解恐龙而产生的主观臆测，证据显然是不足的，仍然还是个谜团。

神秘皮肤之谜

恐龙的皮肤化石和皮肤的印模化石，为我们了解恐龙身体表面的形态结构提供了直接证据。1908 年在北美发现了鸭嘴龙的"木乃伊"化石，据此人们知道了鸭嘴龙的皮很厚，其上有角质突起，呈现出星星点点的形态。

蜥脚类恐龙的身体表面，与现生蛇、蜥蜴的体表相似，具有一层近于平坦的角质小鳞片。个别的种类，如巨龙，体表嵌有甲板。

肉食性恐龙的皮很粗糙，上面有一排排凸出体表的角质大鳞片，在有的部位，如颈部，还可以看到具有大鳞片的厚皮形成的褶皱。

角龙类的体表具有成排的、大而呈纽扣状的瘤状突起，有的瘤状突起直径可达 5 厘米，从颈部一直排列到尾部，瘤与瘤之间覆有小鳞片。

甲龙的体表覆盖着许多甲板，还有许多长短不等的骨钉、骨刺。

中国首例恐龙皮肤化石，是 1989 年 10 月在四川自贡发现的，它是一具剑龙的皮肤化石。化石清楚地显示出，剑龙身体表面由网状分布或镶嵌状排列的六角形角质鳞片构成，鳞片较小，在每平方厘米小范围内就有 3～4 块这样的小鳞片。

关于恐龙的颜色，没有任何证据保留下来，人们无从知晓。所以有关恐龙体色的推论和描绘都是根据现生爬行动物和生物适应性的原理来推测的。现生爬行动物中，多数种类的颜色单一，因此估计多数恐龙也应是单色的，如暗绿色、棕色、灰褐色等。有的种类也可能像现生巨蜥——毒蜥那样，色彩斑斓。不同的花纹和色彩是不同种类的恐龙的特征标志，以利于个体相互之间的辨认。鲜艳的色彩可成为一些小型的有毒性的恐龙的警戒色，用以警告其他肉食性恐龙不要轻易来侵犯，有保护自身的作用。

脑袋和躯干都很大，喙长得像鸟的一样的原角龙

　　基于鸟类起源于爬行动物，甚至起源于早期的兽脚类恐龙的观点，因此，有人认为恐龙皮肤的颜色应该与鸟类漂亮的羽毛颜色一样，五彩缤纷，绚丽夺目。

　　甚至有的科学家还大胆地设想，个别的恐龙或许还能像现生的变色龙那样，可以改变肤色。改变肤色的本领使它们在繁殖季节，容易找到配偶，或与环境色彩一致，免遭敌害发现，利于保护自己，甚至也可以利用不同的颜色来调节吸收太阳光的热量，以便调节体温。

　　恐龙家族种类繁多，大概应该是色彩纷呈的吧。

恐龙直立行走之谜

　　科学家在研究几年前发现的恐龙化石时发现，生活在2.9亿年前的食草恐龙，不仅能爬行也能直立行走，而且当时速度可达每小时15公里，虽然比起优秀马拉松运动员这个速度还是很慢，但这也比一般人快了两倍，可称之为行走如飞了。由于这个发现，能够直立行走的恐龙的历史可以提前 8000 年。

科学家发现，Eudibamus 恐龙本身体积不大，但是它的两个后肢比躯干还长 1/3，还有较大的脚趾，他们认为，这两个后肢可以在垂直于地面的方向运动，而它的两个短小的前肢则前后摆动，使得行走速度很快。而且，它的臀部、脚踝和膝关节的布局使得它伸开后肢时，后腿可以伸直，这是只能爬行的恐龙做不到

比大象腿还粗的四脚行走的恐龙

的，而且它的长尾巴也起了平衡和控制作用，从而它能行走如飞。科学家认为，Eudibamus 恐龙从它们的这项技能受益匪浅，因为，它们快速行走可以摆脱食肉恐龙的攻击，使得它们的家族总共存活了三千多万年。

也有科学家对此结论持怀疑态度，他们认为，Eudibamus 恐龙的大脚趾显示，它们不便直立行走，这与具有大脚趾的古猿不能直立行走而由其中进化出的具有小脚趾的人类能直立行走的道理一样。莱茨等人对此的解释是，在进化过程中，Eudibamus 恐龙只是处于刚刚能直立行走的阶段。究竟谁是谁非，仍然是一个谜。

恐龙是和睦的家族吗

弱肉强食是没有任何理念约束的动物们的本性和本能。强者，母体就赋予它强健的体魄和放纵的野性，它有能力去战胜和征服弱者；而弱

者，与生俱来的软弱性格，当面对强者的欺凌时便显得无奈，更没有反抗的力量，只能顺从。那么，在史前的恐龙世界中，它们又是如何相处的呢？

我们多是根据恐龙的不同食性初步划分出三大类：植食恐龙（以吃植物为生的恐龙）和肉食恐龙（主要是以吃肉为生的恐龙），还有杂食恐龙（既吃植物.又吃肉食的恐龙）。评判标准依据就是牙齿的不同形态。对于植食恐龙，牙齿的典型特点就是不显现出锋利，最常见的就是以勺形齿和棒状齿居多。

当然，不同类型的植食恐龙，在牙齿上的差别也还不小，如剑龙的树叶状牙齿和鸟脚类中鸭嘴龙的锉刀状牙齿。这类植食性的恐龙，在恐龙的类别中分别包括有蜥脚类恐龙和鸟臀目恐龙。对肉食性的恐龙而言，牙齿除了具有锋利的齿尖外，往往在形态上像匕首状，同时牙齿也明显增大。

介于两种食性之间的杂食恐龙，在牙齿上继承了上述两种牙齿共同的特点，既表现出勺形的特征，又有锋利的边缘锯齿。不过这类恐龙在整个演化过程中，出现的比较早，持续的时间也很短，到了侏罗纪的中、后期就很少见了，主要包括原蜥脚类恐龙。

名字意为"装甲"或"僵硬的蜥蜴"的甲龙，是出现在白垩纪晚期的草食性中等体型恐龙

肉食恐龙是恐龙中的强者，而植食恐龙相对弱势。杂食恐龙则可能是中间势力，不为恐龙所欺，也不凌驾于别的恐龙之上；再者，很可能是肉食恐龙向植食恐龙进化的中间纽带。

因此，尽管一些庞大的植食恐龙看起来威风八面，但也常常成为那些寻衅滋事的肉食恐龙的美餐。尽管植食恐龙也经常采取集体防卫的战术来一致抵御进攻，但也不乏其中一些不能匹敌而丧生于官手的。

恐龙好战吗

虽然恐龙过的是群居生活，但免不了同种个体之间的勾心斗角、争夺配偶以及种间的地域争夺、食物占有等。同种恐龙尽管有着相似的生活习性，但因为偶尔的相互摩擦，常常会促成一场大战。为了异性的配偶，到了发情的季节，那些追随者凭借体力的优势，置其他的恐龙于不顾，以此来取悦于异性恐龙的喜欢。

随着恐龙个体的不断繁盛，有限适应的空间越来越显得狭小，谁去谁从，难以平分，争斗怎能不发生呢？这种斗争在不同种的恐龙群体中，表现得尤为突出。自下而上是生物的第一需要，为了生存，就要求得食物。

对于食肉的恐龙来说，它的生存，将意味着别的恐龙需为之付出血肉的代价，这种捕食与被捕食者之间的生死搏斗，已经不是简单的皮毛之苦，而是经历生与死的抉择。恐龙之战的原因种种，在这里不可能一一评析，不过，恐龙之战同别的动物间的斗争有异曲同工之处。

所以，中生代的恐龙世界，并不是风平浪静的桃源风景，在那里也经常充满喧嚣与厮杀的气氛。

黎明前的早餐

相信对于恐龙如何进食，人们都是比较感兴趣的。根据对角龙的研究，有的科学家对它们早晨的生活情景作了生动的描述。

角龙的美餐

当天亮到足以看清木兰树光秃秃的树干时，角龙在黎明中醒来了。它们生活在。6500万年以前，这时正是角龙家族最旺盛的时期。角龙常常成群结队地生活在一起。然而，有一条角龙却掉了队。昨晚它只好独自啃食一株已经倒下的科达树当晚餐，今晨醒来时它的嘴里还有叶子发酵的味道。

它正在一片已被鸭嘴龙啃光的光秃秃的林子里孤独地徘徊。它向前移动了几步，啃着连鸭嘴龙都嫌太苦的野草。这条远离集体的角龙已感到饥肠辘辘了，突然一棵小木兰树映入它的眼帘。

这是一条三角龙，它独自用两只角扭动着树枝，小木兰树发出咯咯的响声。它使出浑身解数，拼命地扭动，但是，这一切都只是杯水车薪。它不仅没能把树弄倒，就连树枝也未能扯下一根。它多少有些累了，便到远处泉眼边的一个小水池旁迅速地喝了几口泉水。这时，阳光正斜射在被啃光的乱七八糟的树木上。苍蝇围着布满甲虫的鸭嘴龙的粪便飞来飞去。几只蜻蜓从池边跃起，穿过薄雾向远处飞去。这条角龙抬起头来，嘴边还滴着水。它忽然看到对面有一棵柳树，于是便大吼一声，扑进水池向对岸游去。

这次它真的找到了理想的食物。它用两只角夹住柳树的树干，经过一番上下摩擦，中间的一只角把树皮拽了下来。它用牙齿把树皮一条条切断，又咀嚼了一会儿，最后才咽了下去。这时它已饥不择食，什么都想吃。于是它把柳树弄倒，将叶子、小树枝、树皮等所有能吃的都一股脑儿吞了下去。

对峙霸王龙

又一次饱餐之后，三角龙又喝了几大口泉水，然后一大泡带有辛辣味的尿便排了出来。这时，它感到精神振奋，浑身上下好像有一股使不完的力量。它开始悠闲地在树林中漫步，有一些小动物在它面前跳来跳去，它也无心观赏。突然，它发现在高大树木的遮掩下，有一条张着血盆大口的肉食龙——霸王龙正向它走来。

三角龙毫无退路，只能奋力自卫。它低下头，让巨大的颈盾和角对着敌人，然后从鼻子里发出一声吼叫。这声响就像大雨滂沱时的雷鸣，丛林中的树木似乎都要被劈开了。霸王龙不免也有点害怕了。它知道尽管角龙是吃素的，但它有保护自己的武器——坚韧的颈盾和像刺刀一样的角。霸王龙不敢轻举妄动，它把巨大的头抬起来虎视眈眈地看着角龙。双方对峙了一阵后，角龙小心翼翼地后退了几步，又走进树林去寻觅自己的队伍了。

三角龙是一种中等大小的四足恐龙，并且头上有三个角的明显特征

很幸运，它没走多远，就遇上了成群的角龙。它迅速地加入了队伍，总算脱离了险境。这支角龙大军也在早餐，它们把所有可以折断或打下来的树枝树叶都吃光了。有时会遇到一条角龙很难折断的树干或树枝，这时几条角龙就会自告奋勇地联合起来，一起把大树推倒。

经过与霸王龙的一番对峙，这条掉队的角龙又感到腹中空空了。正好有一棵被扭断的木兰树倒在它的身旁，它随即卧倒在地，开始大嚼大咽起来。不一会儿，这片树木就被啃光踏烂了，角龙队伍的首领发出了转移令。角龙群离去了，只留下几棵高大的树稀稀落落地耸立在这白垩纪晚期空寂的大地上。

恐龙生存年代之谜

现在我们可以大致了解，在地球的东西南北各个区域中，都有恐龙的化石出现，随着人们对恐龙兴趣的不断增强，以及科学技术的不断发展，浮出地面的恐龙化石将会越来越多，这一点足以证明恐龙在地球发展的某一阶段，确实是非常活跃的一个优势群体。

那么，科学家是如何确定恐龙生存的地质年代的呢？

过去，为了知道地球的生存年龄，人们想出了很多方法来推测，但都不太可靠，后来，人们借用古生物学的方法，利用化石来测定地球的年龄。这种方法依据的是生物发展的客观规律，即从低等到高等的演化规律。早期的生物化石一般都较为低等，以后逐渐趋向高级，这样排列出来的地球发展历史证据确凿，但有一个无法回避的缺陷，即在时间上只能是相对顺序，而没有办法来确定绝对年龄。何况，化石并不是和地球的发展完全同步的，有些地方因为地壳深处的岩浆运动而形成的岩石（如花岗岩）中不含化石，这就无法知道这一带地层的实际年龄了。

现在，经过科学家们的努力，人类已掌握了测定地球绝对年龄的方法，即放射性同位素测定法。所以现在

比恐龙更古老的爬行动物，并不属于恐龙类，背上有明显帆状物的异齿龙

我们可以知道，我们生存的地球的实际年龄大概有 46 亿年!

在这个基础上，再根据发现的化石以及地壳运动的情况，科学家把地球的整个发展历史分为太古代、元古代、古生代、中生代和新生代，每一个"代"之下又可分出若干个"纪"，"纪"以下再分为若干个"世"，"世"以下又分出"期"。我们现在讨论的恐龙，就是生活在中生代的 3 个纪——三叠纪、侏罗纪和白垩纪中，以恐龙的灭绝为标志，中生代到此结束。

那么，很多人不禁有这样的疑问，恐龙化石深埋在中生代的地层中，人们又是如何在茫茫大地中找到它们的呢?

要做到这一点，绝非一日之功。首先，考古工作者必须具备一定的地质学和古生物学的知识。其次，必须粗略了解恐龙的生活特性，比如，恐龙一般是在陆地或湖边生活的，所以，寻找的范围大致要定位在中生代的相应地层中。实际上，地质学发展到现在，找到一个地区的地质分析图应该不会有什么问题，根据地质分析图，人们可以比较有目的地把寻找范围局限在一定的区域，然后再着手下一步的工作。

恐龙信息交流之谜

我们人类用眼睛看东西，用耳朵听声音，用舌头尝味道，用皮肤感知外部事物，最后再由神经把这些信息传送到大脑，我们就有了各种感觉。恐龙也是如此。

恐龙的智力与其脑子的大小有关，一般越是庞然大物，脑子相对来说越小，行动也要迟缓一些。蜥脚类恐龙脑子体重之比是 1 : 100000，剑龙的体重是 3.3 吨，但脑子只有 60 克重，脑子与体重之比为 1 : 55000。剑龙的体重与现存的大象差不多，但剑龙的脑子重量只及大象的 1/30。

美国芝加哥大学的古生物学家霍普森对各类恐龙的智力作了测试，发现它们的智力由低到高依次是：蜥脚类、四龙类、剑龙类、角龙类、鸟脚类、大型肉食兽脚类和虚骨龙类。

视觉交流

如果恐龙有大的眼窝，说明它的视觉良好。例如小型兽脚类中的秃齿龙体长约2米，体重70千克~80千克，有一个较大的脑子，所以即使在暮色苍茫的黄昏，它也能捕捉到路过的蜻蜓。秃齿龙的脑子也比较大，说明它反应很快。它的两个眼睛的位置，使它能很好地调整焦距，以对准正在飞行的猎物。有些素食的恐龙如棱齿龙在头的两旁也有较大的眼睛，因而有全方位的视觉，能看到来自任何方向的危险信号。但与小型肉食类恐龙相比仍会显得相形见绌。小型肉食类恐龙（如前面提到的秃齿龙）协调有关猎物的视觉信息都会比素食恐龙优胜许多。这就是为什么秃齿龙能昂首阔步地追捕有鳞甲的小哺乳类和蜥蜴，并能一举将猎物捕获的原因。

一般来说，恐龙只有单目视野，左右眼的视野范围内只有一点重叠，因而它们对周围的事物有一个广阔的视角，却没有测试距离的能力，还需要借助脑子来处理和解释视觉提供信息。而大型的肉食类如霸王龙已具有

翼手龙

小型肉食类的双目视野，因而能迅速地判断猎物的位置，从而准确地将它捕获。

视觉交流是恐龙信息交流的一个重要方面。每当交配季节，恐龙会像今天的许多鸟类和爬行类那样，身上出现鲜艳夺目的颜色，以此宣告

雄性已准备进行繁殖，帮助雌性选择伴侣。有些雄性恐龙（如肿头龙、角龙）会通过以头相撞来取得与雌性交配的资格，雄性身上的特殊体色此时就成了重要的标志。像鸭嘴龙等有顶饰的雄性恐龙，主要依靠色彩鲜艳的顶饰来吸引异性。在交配季节，角龙的颈盾的颜色也会显得特别醒目。这些都是恐龙利用视觉的信息在交流。

听觉交流

恐龙没有外耳垂，不像哺乳动物借助外耳垂提高听力。恐龙的听力完全靠它们眼睛后面的孔即耳孔，它们与脑子里控制听力的组织相通。今天的鸟类和爬行类也有类似的构造。凭借自己的听力，鸟类就能利用悦耳的鸣声来传递各种信息了。对于成群结队的恐龙来说，类似的信息交流自然是必不可少的。

事实上，鸭嘴龙已经能利用它们形状不同的鼻腔与气囊发出声音了，它们虽然不能像鸟类那样发出复杂的颤音以及高亢的音调，但在这之前已形成了自己的"声音语言"，并以此传达对同伴的警告与指令。

在交配季节，这些由不同声调与音符组成的"语言"，起着更为重要的作用。恐龙经常会集体捕捉猎物，每当这时，它们就更需要信息交流，以表达发现、追捕或捕到猎物的信号。恐龙与其他陆生动物一样，也非常需要借助声音来发出各种应急信号，如召唤同伴一起保卫领地，交配季节吸引异性等。如果能把恐龙当年的声音录下来，我们将会听到各种咯咯声、呼噜声、吼声、咆哮声或哀鸣声，好像果真置身于恐龙世界，倾听着恐龙那奇妙的演奏。

嗅觉和味觉交流

恐龙鼻子的大小能够说明它们味觉的灵敏程度。一些脖子较长的恐龙——腕龙有巨大鼻孔，所以可能有较多的味觉功能。霸王龙只有小鼻孔，所以它狩猎时不是靠味觉，主要靠的是视觉，就像今天的狼。味觉和嗅觉同样是由脑子控制的，对于恐龙世界的捕食者与被捕食者来说，它们是用来判断、识别对方的最常用的方法。

吃植物的恐龙也通过嗅觉与味觉来辨认能吃与不能吃的食物。许多类型的恐龙通过嗅觉与味觉决定是否能进行交配。　大型的肉食类像异龙通常都很快地将大块的肉吞咽下去，它不可能品尝猎物的味道。它的舌头可能结构简单而粗糙。而素食性恐龙则要咀嚼它们的食物，因而更需要动作良好的舌头，把植物卷作一团，并在正确的位置上把它捣烂磨碎。恐龙的脑子只在极特殊的情况下才能成为化石而保存下来。

在禽龙的脑化石中，人们发现脑子的前部有发育良好的嗅叶。它是脑子的一部分，负责嗅觉和味觉。禽龙有大而宽的鼻孔和嗅觉组织，所以这种恐龙可能有敏锐的味觉，能享受食物美味。短嘴鳄的鼻子和脖子上都长有能感觉的皮肤斑点，在交配季节异性间通过斑点的相互摩擦而感知对方。我们是否也可以幻想一下霸王龙在交配季节也是这样，或者一对梁龙互相爱慕地将长的脖子缠在一起，并迅速地用鼻子互相摩擦呢？

以上是科学家根据目前发现的化石和现有的科学技术进行的合理的推理，恐龙到底是怎样交流的？相信不会有人亲眼目睹。

恐龙大鼻子之谜

恐龙体形庞大，这是众所周知的。然而鼻孔的面积就占了头骨的一半。而今，科学家们对此怪现象已做出了解释。据美国俄亥俄州立大学疗骨医学院的进化生物学家劳伦斯·威特米尔说，恐龙的大鼻子是用来做"空调"的，免得自己的大脑升温。

大动物体形过大，它们的表面皮肤面积相对太小了，这就导致了它们的降温困难。如果体内的温度升得太高，一些重要的器官如大脑就会受损。在恐龙统治地球的时代，地球气温比现在要高得多，而体温居高

恐龙时代到来

不降对恐龙来说无疑是个很大的威胁。

哺乳动物像鸟、爬虫一般是通过鼻甲中一种黏液状的鼻膜来避开中暑。这种黏膜在空气通过时能大大增加皮肤表层和外界的接触面。而当血液流过鼻甲中厚厚的网面导管时，热量也就随之散入了空气中。冷却的血液使得大脑中的温度也降了下来。威特米尔用 CT 扫描恐龙的头骨，在它们的大鼻子中果然发现了同样的鼻甲。莫非恐龙也是靠着自己的大鼻子才能以这么庞大的体积在温暖的地球上存活下来的？恐龙的鼻子是用来散热的吗？还有待于科学家作进一步地考察和验证。

恐龙求偶花招之谜

从电影和画册上，我们见过恐龙奇形怪状的角、冠和褶边，这些华丽的器官究竟有什么功能呢？美国犹他州自然历史博物馆科学家斯科特·桑普森说，这些是雄性恐龙用来展示自己、争取异性青睐的。他认为，不同恐龙的这类器官形态差异很大，它们更可能像孔雀的尾羽一样，用来进行自我炫耀、争夺配偶。

桑普森说，与一些现代动物类似，两只雄恐龙在求偶竞争时，可能面对面地站着，尽量使自己显得高大，并翘起尾巴在空中晃来晃去。看来恐龙也是有自己独特的花招的，是否真如此，有待继续研究证实。

视力与生存息息相关

恐龙头骨化石上眼眶的大小，多少可以反映其眼睛的大小。一般说来，眼眶越大，眼睛也就越大，视力相应地也就越好。另外，眼睛生长的位置对视力好坏也有影响，位于头骨前面的眼睛，其视力要比位于头骨两侧的好，而且，两眼之间的距离越宽，对外界物体位置的分辨就越准确。

大多数植食性恐龙都有一双大眼睛，这对于它们及早发现远处的敌害，从而采取有效的防御策略非常有用。植食性恐龙中眼睛最大的首推鸟脚类恐龙，因为它们的头骨化石上显示出"大而圆"的眼眶。鸟脚类恐龙的超群视力，使它们在有"风吹草动"的情况下，老远就能发现危险的信号，并及时采取对策。

巨大的恐龙头骨化石，有明显的眼眶和牙齿部分

蜥脚类恐龙也具有很大的眼睛，很好的视力，加上它们特别长的脖子把头高高举起，这就使蜥脚类恐龙在众多的恐龙类群中，具有最为广阔的视野。剑龙类和甲龙类的眼睛相对较小，它们的视力要比前两类差一些。这可能与它们头部低矮，长期生活在视野较窄的环境有关。

肉食性恐龙大都具有一双大眼睛，它们的眼光敏锐，视力拔萃。其中，尤以我们已经认识的恐爪龙、似鸟龙和下面就要谈到的窄爪龙等的视力最好。它们的眼睛不仅大，而且左右分隔较开，位置靠前，具有"眼观六路、洞察秋毫"的立体视觉。这些敏捷的捕食者借助立体视觉，能够准确地看清远距离的猎物，以便迅速地捕捉它们。

1968 年发现于北美的窄爪龙，尽管身长不过 1~2 米，但一对眼眶却大得出奇。如果眼球填满眼眶，那么，这个小恐龙的眼睛就足有 5 厘米大。这种特别大的眼睛，使窄爪龙能够在光线极弱的夜间也能看清物体。此外，它的嘴部呈三角形，所以窄爪龙的双眼能直接向前看，并且形成一致的视野，使此类恐龙在自然激烈的生存竞争中，具有独特的优势，其情形就像今天的猫头鹰一样。

恐龙和大陆漂移

1993 年，美国的一些古生物学家在位于非洲国家尼日尔的撒哈拉大沙漠里发现了一种食肉恐龙的完整化石骨架，并把它叫做"非洲猎人"。"非洲猎人"身长将近 10 米，长着长长的头骨、强有力的前肢、锋利的能够弯曲的爪子以及一条坚挺的长尾巴。"非洲猎人"与侏罗纪晚期异常繁盛于美国西部的跃龙非常相似。

与"非洲猎人"一起，同一地区还发现了好几条蜥脚类恐龙。这种蜥脚类恐龙的牙齿呈宽的抹刀形。它们与侏罗纪晚期繁盛于北美洲西部的圆顶龙很相似。

古生物学家脑子里一下子闪现出一个问题：相隔几万公里的非洲和北美洲怎么会发现亲缘关系如此接近的恐龙呢？

一开始，非洲大陆的恐龙与北美西部恐龙之间的这种进化联系确实令古生物学家感到不可思议，但是他们很快找到了一种合理的解释，这就是大陆漂移。

可能的情况是，在大约 1.5 亿年前的侏罗纪晚期，虽然当时的盘古古陆已经开始分裂，但是开始漂移不久的包括现代的非洲在内的南方大陆（冈瓦纳古陆）和包括现代的北美洲和欧洲在内的北方大陆（劳亚古陆）还没有完完全全地分开。古代欧洲的直布罗陀地区存在着一个与非洲大陆相通的大陆桥，使得这两块古老大陆上的恐龙可以互相交流。而当时欧洲与北美洲是连在一起的，因此北美洲与非洲之间存在亲缘关系非常接近的恐龙类群就不足为怪了。

后来，到了白垩纪初期，冈瓦纳古陆与劳亚古陆进一步分离漂移，非洲完全与北方的劳亚古陆隔离开来，而且，也逐渐与冈瓦纳古陆本身的其他陆块如南美洲分离相隔，真正成为一个岛状大陆。从那以后，非洲的恐龙就朝着自己独特的方向演化了。

恐龙踩出了地质新说

长期以来，地质学界确信意大利所在的亚平宁半岛的南部自古就独立于非洲大陆之外。而日前意大利费拉拉大学的博塞利尼教授公布了有关地质考察结果，提出了截然相反的观点——意大利南部与非洲大陆原为一体。

在形如长筒靴的意大利国土上，靠近"靴跟"的"后靴腰"处有一个明显突出的"马刺"，这个"马刺"就是加加诺半岛。加加诺半岛的地形特征属于山地，遍布石灰岩，地质资源十分丰富。博塞利尼教授率领的一支国际地质考察队在加加诺半岛进行考察，在圣马尔科因拉米斯镇附近的一个石灰岩矿区内偶然发现了一组恐龙脚印化石。

这组恐龙脚印化石共有 60 多个，长度从 15 厘米～40 厘米不等，许多脚印中连脚踵部分都十分清晰。在矿区出口附近，在一面巨大的石面上有一组两足三趾的恐龙脚印，这些脚印要么属于食草类的禽龙，要么属于以禽龙为食的食肉类陆地恐龙。根据这些脚印尺寸推断，当时生活

最凶残的恐龙之一：跃龙

在这里的恐龙都是体重过吨的庞然大物。

初步的研究已发现，一些脚印明显是一种巨型禽龙留下的，这种禽龙的体重可达 4.5 吨，身长 9 米，后腿站立时身高可达 5 米。这样的巨型恐龙必然食量惊人，其种群的生活环境必须要有成片的森林和广袤的水草。巨型恐龙的这种生存特征表明，加加诺半岛在很早以前曾经水草丰饶、林木丛生，而对地层结构的研究结果又表明，这里与北部非洲有着惊人的相似之处。专家们因此提出，意大利南部地区曾与非洲大陆连在一起，这一结论推翻了"意大利南部原来就与非洲大陆不相连"的传统学说。

地质学界曾认为，独立于非洲大陆的亚平宁半岛南部，在远古时代曾是像今天的马尔代夫群岛或巴哈马群岛一样的一组零星岛屿，但是加加诺半岛的发现使这一理论难以成立。如果当时意大利南部是与非洲大陆毫不相连的岛屿，巨型的恐龙群在这里就无法觅食，难以生存。在今天的南亚大陆地区，生活着大量的野生大象，但在与之相邻的马尔代夫群岛却找不到任何象群，其原因就是大象在面积狭小的岛屿上难以找到足够的果腹之食。大象尚且如此，食量远远大于大象的恐龙自然也无法在岛屿上生存。

在加加诺半岛发现的恐龙脚印化石中，有一组呈环形的四足脚印，这是爬行类的蜥龙留下的。这种恐龙生活的年代距今约 1.2 亿～1.3 亿年，属白垩纪晚期。地质学家们推断，在当时的地质年代里，由于地壳的运动，非洲大陆的北面的一部分出现了地面下沉，下沉部分降到了海平面 10 米～20 米以下，而现在的意大利南部地区逐渐变成了由非洲大陆延伸出来的岬岛，其与非洲大陆之间是浅平的海湾。

在恐龙巢内有着细窄爪的窄爪龙

后来，岛屿部分凸升为陆地，海湾部分继续下陷为地中海。在这一变动过程中，在约几千年的时间里，正在变成岛屿的现意大利南部地区与非洲大陆之间曾是一片宽旷的沼泽地，为了觅食生存，巨型的恐龙群穿过了这片沼泽地，迁移到了非洲大陆，留下了脚印化石的四足蜥龙恐怕就是最后一批迁出的大型恐龙。

以前，在意大利普利亚大区的阿尔塔穆拉附近也曾发现过恐龙化石，但这些化石表明这里的恐龙都是"小巧"型的，其生活的地质年代距今约 7000 万年，当时的地中海已经形成，其深度已达 200 米~300 米。

博塞利尼教授认为，这些生活年代晚于加加诺半岛巨型恐龙的小型恐龙是现意大利南部地区脱离非洲大陆时期留下来的恐龙群种，因为其体形小，觅食范围无需大面积的旷野，在岛屿上也能生存。

第二章　浅析恐龙的种族

阿尔伯脱龙

家族档案

中文名称：阿尔伯脱龙

拉丁文名：ALberrosaurus

生存年代：晚白垩世

化石产地：加拿大阿尔伯脱省，美国阿拉斯加、蒙大拿州、怀俄明州

体形特征：长9米

食性：肉食

种类：兽脚类

释义：来自阿尔伯脱省的蜥蜴

　　阿尔伯脱龙属于兽脚类恐龙中的暴龙类，是一种十分强大凶猛的肉食性恐龙。它长9米，高34米，重达3吨，有巨大的头，眼睛前面有角质突，口中有锋利的牙齿，上颌约14～16颗牙齿，下颌17～19颗牙齿，这些慑人的牙齿向后弯曲，加上强壮有力的颌部，连坚硬的骨头都能咬穿，更不用说其他恐龙的厚皮了。阿尔伯脱龙另一个让其他恐龙不寒而栗的是它的前爪。它的前肢比较短小，仅有两个指头，却像鹰爪一般尖锐，任何恐龙被它抓住都难逃厄运。

阿尔伯脱龙虽然是暴龙的近亲，不过，因为它的体形较小，所以它的奔跑速度要比那些体形较大的近亲们快许多。在捕猎方面，阿尔伯脱龙可能也要比暴龙更积极、更活跃。它能快速接近猎物，一口扎透脖子，割断颈动脉，或者用大脚绊倒猎物，在其身上任何一个地方撕下一大块肉，这都能让猎物失血而亡，最终成为阿尔伯脱龙的美食。

阿尔伯脱龙虽然和暴龙是近亲，但是它们却不是同一个时代的恐龙。阿尔伯脱龙生活在距今 7000 万～7300 万年前，而暴龙生活在 6500 万～7000 万年前，可以说它们是传承的关系。

阿尔伯脱龙虽然是异常强悍的大型肉食性恐龙，却并不是个天不怕地不怕的家伙。近来，古生物学家在阿尔伯脱龙的骨骼化石上发现了被恐鳄咬噬过的痕迹，因此人们纷纷猜测：难道强大的阿尔伯脱龙，居然也会有冤家对头？还是恐鳄有吃恐龙尸体的习性？对此现在还没有结论。

阿根廷龙

家族档案

中文名称：阿根廷龙

拉丁文名：argentinosaurus

生存年代：晚白垩世

化石产地：阿根廷

体形特征：长 40 米

食性：植物

种类：蜥脚类

释义：来自阿根廷的蜥蜴

阿根廷龙是蜥脚类恐龙的成员，生活在晚白垩世，其身长可能超过 40 米，体重 70 余吨。有些大胆的古生物学家甚至推测其重量接近 100

吨，相当于2头腕龙或者20头大象（成年大象体重为4~5吨）的重量，可见是何等的惊人。虽然通过现有的化石资料还不能完全确定阿根廷龙的大小，但无疑它是体形最巨大的蜥脚类恐龙之一。那么阿根廷龙是如何被发现的呢？这可是一位牧羊人的功劳。

1987年的一天，阿根廷巴塔哥尼亚乌因库尔广场市的牧羊人埃雷迪亚在他的牧场意外发现了一根露出地面的巨大骨头。最初他以为是硅化木，就没有多加理睬。不过消息很快就传到著名古生物学家科里亚耳中。因为距离不算太远，所以科里亚决定亲自去看看，毕竟在乌因库尔广场市还没有发现过硅化木。

当科里亚来到埃雷亚的牧场后，那段裸露在地表上的骨骼让他眼前一亮，这哪里是什么硅化木，分明是如假包换的恐龙化石！于是，正式的挖掘工作于1989年开始。这个过程异常艰辛，科里亚和同事们耗费了几年时间，终于清理出一些肋骨，还有一块2米长的股骨和1.5米高的脊椎。由于化石并不完整，所以研究论文直到1993年才由波拿巴和科里亚一起发表，他们把这只蜥脚类恐龙命名为"阿根廷龙"。

包头龙

家族档案

中文名称：包头龙

拉丁文名：euoplocephalus

生存年代：晚白垩世

化石产地：加拿大、美国

体形特征：长6~7米

食性：植物

种类：甲龙类

释义：完全装甲的头

　　包头龙生活在晚白垩世，是所有带甲的恐龙中最著名的。这种坦克似的恐龙最大的特点是其脑袋表面长有融合成一体的大小不一的骨质甲片，这些骨质甲片甚至包裹了眼睑，真正做到了全方位保护头部。除从头到尾被重甲覆盖外，包头龙的体侧还配有尖利的骨棘，就像匕首那般锋利。它的尾巴像一根坚实的棍子，尾端还有一对重30千克的沉重骨锤。像其他甲龙一样，包头龙也有水桶般的身躯，里面装着十分硕大的胃，用来慢慢消化食物。

　　在晚白垩世激烈的生存斗争中，包头龙那布满全身的骨质甲片以及尖利的骨棘使它在防御方面进化到了顶点，称得上完备至极。每当遇到自己不可抗拒的敌害时，包头龙趴在地上，避免身体被掀翻，以保护自己全身唯一的弱点——柔软的腹部。

　　这有点类似新生代的雕齿兽或现代的犰狳，都是靠着厚实似皮革、极具韧性的皮肤来抵挡住大部分的食肉者。虽然包头龙的沉重骨锤壮硕有力，但一般情况下，

身披重甲的食素恐龙——包头龙

它不会主动去攻击对方，只有在自己受到大型肉食性恐龙的侵害时，才会伺机挥动发达的尾锤，对天敌予以反击，这种反击的力度十分强大，甚至能够击倒体积庞大许多的暴龙。

暴 龙

家族档案

中文名称：暴龙

拉丁文名：tyrannosaurus

生存年代：晚白垩付

化石产地：加拿大阿尔伯脱省，美国新墨西哥州、蒙大拿州、科罗拉多州、怀俄明州等

体形特征：长 12~15 米

食性：肉食

种类：兽脚类

释义：残暴的蜥蜴

虽然较多人知道它叫做霸王龙，我们则叫它暴龙。我们有两个理由这样做。第一，对于某些系列中的动物而言，已有足够的证据来辨识其属别，却无法辨别其属别中的种别。第二，这样可使名称不令人觉得混淆。虽然每个人都对霸王龙这个名称很熟悉，但赋予所有动物其全名是不恰当的。

中生代的午后，地面一阵震动驱散了一群正在休息的鸭嘴龙，一条暴龙闯出灌木丛，扑向一条年幼的鸭嘴龙，恐怖的血盆大口顿时穿透了猎物的骨头。

毫无疑问，暴龙是有史以来体形最大的陆地肉食性动物，体重达5~7吨，身长可达15米，如此庞大的身形，好像是专为袭击其他恐龙而设计的。它的脑袋长而窄，两颊肌肉发达，长1.2米的下颌硕大非常，脑袋长达1.5米，10.2厘米的眼窝内装着直径为7.6厘米的眼球；其颈部短粗，身躯结实；后肢强健粗壮，尾巴不算太长，可以向后挺直以平衡

身体；张开大口，里面有长约23～33厘米的利齿，只是前肢细小得不成比例，它长仅1米，且只有两只较弱的手指。

暴龙的食物主要是角龙类和鸭嘴龙类。我们已经证实了关于这些食物的推测。蒙大拿州落基山博物馆的爱力克森在一只三角龙的髋骨上发现上面布满了齿痕。显然这些大型食肉性恐龙是以三角龙为食物。为了找出是何种食肉性恐龙，爱力克森将牙科用的油灰填入其中一个较深的咬痕之中，结果产生的模型显然与暴龙的牙

生存于白垩纪末期的马斯垂克阶最后300万年的凶狠残暴的霸王龙

齿相同。这结果更可显示它们实际的吃食方式，它们并不是小心翼翼地将肉从骨头上剥下，而是用力地咬穿肉和骨头，然后将肉大块扯下。

与现生大型肉食猫科动物类似，个体之间的打斗是暴龙的一项明显特性。它们的头骨和骨骼上或多或少都有可怕的伤口和咬痕。并且许多例证显示这并不是因它们的尸体在死后被翻搅所致，我们有关于愈合的证据（例如长出的新骨头），这些证据证明伤口是在恐龙还活着的时候造成的。

事实上，这些齿痕也显示出暴龙行动特征的另外一个关键元素——它们的头部是其主要武器。如果我们将暴龙的身体形状与其他肉食性恐龙对比，我们将明显地发现，暴龙的手臂远比其他恐龙短，牙齿远比其他恐龙大，下颌更强壮。因为暴龙的手臂是如此的短，当它咬伤其他恐龙时，它的手臂只能当做爪钩来使用。

博物馆里展出的完整的暴龙化石

在古生物学界，有一个关于暴龙是否真的是一种积极的掠食者的争论。著名的古生物学家荷姆对此持反对的态度，他认为暴龙只不过是一种吃食腐肉的恐龙而已。不过呢，我们通过很多材料已经了解到，凭借暴龙的条件，它绝不只是一种吃食腐肉的恐龙。当然，像现在许多的肉食动物一样，它有时也会吃吃腐肉。

长久以来人们都以为，暴龙这么笨重，行动一定很慢《侏罗纪公园》中的暴龙以45千米的时速追汽车改变了人们的印象，不过当时电影也夸张了些，现在我们不得不澄清，暴龙没有那么快。现在根据暴龙足迹化石，我们初步推测暴龙的时速至少有11千米，这速度接近于人类漫跑的速度。

迄今为止发现的最完整的暴龙化石是暴龙"Sue"（苏），目前在芝加哥菲尔德自然历史博物馆展出。这架暴龙化石长12.49米，身高达5.48米，是女古生物学家亨佛里克森1990年夏在美国南达科他州发现的。估计恐龙生前重量为7吨，生存于6700万年前的晚白垩世。

慈母龙

家族档案
中文名称：慈母龙

拉丁文名：maiasaura
生存年代：晚白垩世
化石产地：美国蒙大拿州
体形特征：长9米
食性：树叶、浆果以及种子
种类：鸟脚类
释义：好妈妈蜥蜴

1978年夏天，在出现小行星撞击说的同年，年轻的霍纳及好友马凯拉来到落基山山脉大瀑布市的丘窦镇勘查化石。这里有一间石头小店，专门出售当地所产的矿物与化石，霍纳与马凯拉想在这里先摸摸底，了解一些相关的情报，便与店主布联多老太太聊了起来。在得知此地仅有一些鸭嘴龙的零散部件后，他们觉得有点失望。

此时突然大雨倾盆，下雨天留客天，布联多老太太便留霍纳哥俩喝杯热咖啡。或许布联多老太太觉得眼前两个小伙子有点学问，便拿出了一个咖啡罐，说里面有些前几天在蛋山捡到的小化石，想请他们帮忙看看是什么东西。说着就把小骨头倒在霍纳与马凯拉面前。霍纳哥俩不看则已，一看吓一跳，激动得半晌说不出话来，眼前竟然是一颗恐龙的胚胎化石，而且是北美洲第一颗恐龙胚胎化石。古生物学就是这样神奇，幸运之神经常在你周围晃荡，就看你有没有及时抓住。

此后，霍纳与马凯拉在蛋山进行了大约10年的艰苦的发掘和研究工作，发现了数种恐龙的巢穴、恐龙蛋和待哺育的幼龙化石，完成了恐龙筑巢以及亲子行为的研究，成果震惊全球。遗憾的是他们也付出了惨重的代价，马凯拉于1987年在野外工作时不幸逝世。

现在我们知道，在蛋山上生活着三种恐龙，即鸭嘴龙类的慈母龙、棱齿龙类的跑山龙与伤齿龙。慈母龙长9米，高2～2.5米，重3～4吨。慈母龙巢的数量最多，1平方千米的范围就发现了40多个。这些巢筑在高地，直径约2米，呈盆状，下垫泥土和小石子，这样的巢可以利用多

脸看着像是鸭子的脸的群居生活的慈母龙

年。

每到繁殖季节，慈母龙回巢产蛋，每巢约 25 枚，排列成圆形，蛋上面覆盖植物起保温作用。同时发现的长 30 厘米的慈母龙幼龙骨骼、反刍的食物、巢穴旁的足迹等证据表明，慈母龙要细心照顾幼龙很长一段时间。这些幼龙的骨骼关节处于半发育状态，所以幼龙不能独立行动，只能依赖爸爸妈妈的养育。目前已经发现了 300 多具慈母龙骨骼，覆盖了各个年龄段，对研究恐龙的生长过程有很大的意义。

单爪龙

家族档案

中文名称：单爪龙

拉丁文名：mononykus

生存年代：晚白垩世

化石产地：蒙古

体形特征：长 1 米

食性：肉食

种类：兽脚类

释义：一个爪的蜥蜴

单爪龙是一小型的兽脚类恐龙，与鸟类有亲缘关系。生活在距今7002万年前的晚白垩世，主要分布于蒙古西南部。

其发现史可以追溯到20世纪20年代。当时，美国纽约自然史博物馆的安德鲁斯带领的第三次中央亚细亚考察队进入了荒芜的蒙古戈壁。此次考察硕果累累，其中一个划时代的发现就是恐龙研究史上第一窝恐龙蛋。1923年，考察队在戈壁发现了一具不完整的化石，它是由脊椎骨、后肢和一个被称为"像鸟的未知的恐龙"的骨盆所组成。发现后古生物学家都把它当做一具普通的小兽脚类化石，于是这具化石被带回美国后就束之高阁。

到了20世纪90年代，古生物学家重返蒙古戈壁。这次他们找到一具大小如火鸡般大的，长有像鸟一样的后肢和前肢极小的恐龙化石。而这具化石与1923年发现的那具尘封已久的化石属于同一种恐龙。经过初步的研究，他们意识到自己发现了一个兽脚类恐龙的新种类，他们将之命名为"单爪龙"。关于命名，还有一个有趣的插曲，单爪龙最初的命名是"mononychus"，后来古生物学家获悉"mononychus"拼写是一个甲虫

生活在距今7千2万年前的晚白垩世，主要分布于蒙古西南部的单爪龙

属的名字，就将其换成"mononykus"。

细观单爪龙，它有一副轻盈的骨骼，一条长长的尾巴与苗条的双腿，最令人惊奇的是它那只有一个爪子的前肢。这个粗壮结实的爪子是那么不成比例的大，它直接连接着单爪龙唯一的手指。单爪龙的指骨、尺骨与肱骨的长度非常接近，而胸骨具较大的龙骨突，这可能显示该龙骨突附着大面积的胸肌。

根据这些特征，单爪龙的发现者推测单爪龙的小生境（各个物种各自特有的生境中最小的分布单位）可能类似我们的现代土豚或者食蚁兽，使用它粗短有力的前肢为工具来穿透土壤，挖开地下的蚁穴或白蚁的小丘。而单爪龙那苗条的后肢与柔韧的颈部又说明它应该是一个高速奔跑的健将，这或许是它逃避敌害的手段。

单爪龙有几个重要的特征都与鸟类有关，比如它的龙骨突，这是鸟类的典型特征；又如其退化的腓骨（不与跗骨连接）也是一个与鸟类共有的特征。（鸟类的腓骨退化，后肢骨片愈合。腓骨退化，胫骨与近排跗骨愈合形成胫跗骨，后排跗骨与跖骨愈合为显著加长的跗跖骨。）但单爪龙也有相当多的特征是属于恐龙的，比如它长有牙齿，一条长长的尾巴和分离的跖骨（鸟类的跖骨融合）等。

尽管单爪龙的龙骨突不是很明显，但是与鸟类的龙骨突几乎一样，所以单爪龙的发现者认为它是一种失去飞行的鸟类或长有短小单爪前肢（而不是翅膀）的一种原始鸟。在现代鸟庞大的家族中，有一部分鸟是不会飞的，且它们有看起来长得很奇怪的翅膀。平胸超目的鸟类，如鸵鸟、鸸鹋和美洲鸵，它们都具有极小的不能飞行的翅膀。且企鹅有在水中"飞翔"使用的翅膀（企鹅的祖先原本是擅于飞行的海鸟——外形类似现代的海燕或海雀，后来为了适应水中的生活，它们的翅膀慢慢地进化得又短又小，像鱼鳍一样，在水中可以快速地划水前进）。

发现者说："至少单爪龙的祖先拥有这种能力（中国鸟和伊比利亚鸟比单爪龙早出现 4000 万年，已经有飞翔的能力），然后有一支进化为单爪龙。"但绝大多数古鸟类学家和恐龙古生物学家都认为它属于近鸟类恐龙。它的掘土的习性导致其具有和鸟类类似的胸骨的龙骨突。

帝 龙

家族档案

中文名称：帝龙

拉丁文名：Dilong

生存年代：早白垩世

化石产地：中国辽宁

体形特征：长 1.6 米

食性：肉食

种类：兽脚类

释义：帝龙

中国科学院古脊椎动物与古人类研究所的徐星在中国辽宁省北票市义县组陆家屯层发现了距今 1.28 亿～1.39 亿年前早白垩世的早期暴龙类骨骼化石，该种恐龙是首次发现，是一个新的物种。化石保存极好，头骨基本是完整的，这极为难得，因为恐龙的头骨骨骼相当薄，难以完整保存。

徐星发现，恐龙的下颌和尾巴尖端周边有纤维构造物，其尾骨上的羽毛长约 2 厘米，并且向 30

早白垩世的早期霸王龙类——帝龙

度 ~40 度的方向展开，古生物学家推测它可能存在羽毛，并起着保温的作用。

徐星将这个新发现的恐龙物种命名为"帝龙"，其属名乃中国的汉语拼音"帝龙"，意为恐龙之帝王；模式种名意为"奇异"，因为以前的暴龙类一般都相当巨大，有不少超过 10 米，帝龙则体形小，只有 1.5 米长。帝龙共有 4 具标本，最长一具约 1.6 米。

徐星称："此次发现意义重大，首先证明了暴龙类早期的祖先类型是小型的，其后慢慢进化为巨大的暴龙。后来出现的暴龙，随着体形的增大和长出鳞片，羽毛就逐渐消失了；其次，帝龙覆盖着羽毛的事实再一次证明了兽脚类恐龙和鸟类有着共同的祖先。"

独角龙

家族档案

中文名称：独角龙

拉丁文名：centrosaurus

生存年代：晚白垩世

化石产地：加拿大阿尔伯脱省

体形特征：长 4.5 ~ 6 米

食性：低矮的植物

种类：角龙类

释义：长着一只尖角的蜥蜴

独角龙生活在晚白垩世的北美洲大陆上，长 4.5 ~ 6 米，重约 0.5 ~ 1 吨。独角龙与原角龙非常像，但也有一些区别，其中最大的区别在于独角龙的鼻部有一尖角伸向前上方，这个尖角就像现代的犀牛一样，属于自卫的武器。但独角龙比犀牛多了一样宝贝，那就是它的脖子上生有

生存于 8000 万年前的白垩纪晚期的独角龙

向后伸展的骨质厚盾，边缘有一些小的波状隆起，可以抵御天敌的袭击。古生物学家认为，这个颈盾除了有保护作用之外，还可能是地位的象征。

　　据古生物学家估计，有些独角龙的颈盾色彩非常鲜艳亮丽，使它们看起来异常威武雄壮，与众不同，在繁殖季节，这是非常有助于它们吸引异性的。因为独角龙的头、颈盾同身体比较起来显得非常巨大，每晃动一下脑袋，它的骨骼都承受着很大的压力，所以它就需要有很强壮的颈部和肩部。因此，独角龙的颈椎紧锁在一起，有极强的耐受力。

　　独角龙喜欢群居生活，这一点可以从化石的发现情况得以证实。在加拿大阿尔伯脱省的红鹿河谷内发现过几百只独角龙的化石，其中有些骨骼已经破碎了，看上去好像是被别的恐龙踩过。古生物学家推测这些破损是由于独角龙群在渡过一条河流时，因水流过于湍急而惊慌失措，于是互相践踏而造成了同伴骨裂而亡的惨剧。

峨眉龙

家族档案

中文名称：峨眉龙

拉丁文名：omeisaurus

生存年代：中侏罗世

化石产地：中国四川

食性：植物

体形特征：长20米

种类：蜥脚类

释义：献给峨眉山

中侏罗世的四川，土地非常肥沃，是各种植物的天堂。繁茂的苏铁形成下层叶海，松针又尖又长，蕨类、木贼更是遍布各地，上层则有郁郁葱葱的银杏、石松等。这些植物为植食性恐龙提供了丰富的食物，它们迅速繁衍，峨眉龙就生活在此。峨眉龙主要生活在广阔的冲积平原，和其他蜥脚类恐龙一道群居。

峨眉龙是一种大型的蜥脚类恐龙，它头较大，而且高，其头骨的高度与长度的比率超过1/2。峨眉龙有个长脖子，超过尾巴长度的1.5倍，那是因为它的颈椎很长，最长的颈椎甚至三倍于最长的背椎。峨眉龙的前肢短粗，强壮有力，而且第Ⅰ指有大爪，而后肢的第Ⅰ、Ⅱ、Ⅲ指上也有爪。峨眉龙牙齿粗大，生有锯

峨眉龙是一种中型长颈的蜥脚类恐龙

齿状前缘，这能很好地对付各种松枝、松针、茎和根块。此外，峨眉龙的尾巴上有骨锤，这让那些肉食性恐龙不敢轻易惹它。因为如果让峨眉龙那用力的骨锤锤到腿骨，这条倒霉的肉食性恐龙恐怕就此歇菜了。

在中国四川的自贡恐龙物馆中，陈列着一具非常引人注目的峨眉龙化石。它全身长约 20 米，头离地面约 10 米，身体粗壮，拖着长长的尾巴，四肢着地，脖颈细长，头高高地昂起，样子十分威武。但这个姿势是错误的，峨眉龙不该是拖长尾，头高昂，希望能够早日修正过来。

冠　龙

家族档案

中文名称：冠龙

拉丁文名：Guanlong

生存年代：晚侏罗世

化石产地：中国新疆

体形特征：长 3 米

食性：肉食

种类：兽脚类

释义：冠龙

暴龙，绝对是古生物史上最强的偶像，自从 1905 年命名以来就一直长盛不衰。大家在惊叹这种神奇的恐龙的同时，不禁会问，如此恐怖的捕杀机器到底是怎么进化而来的？此前，最古老的暴龙要属距今 1.5 亿年前的祖母暴龙，但该物种的化石材料极为有限，仅为一块耻骨的残片。之后就是距今 1.3 亿年的帝龙，帝龙的骨骼相当完整，是此前最确凿的原始暴龙类恐龙。

而最近，中国古生物学家发现了最确凿的原始暴龙类恐龙，而这只

生活在六千七百万年前（白垩纪），体长可达10米的冠龙

有着奇异脊冠的小恐龙比帝龙足足早了3000万年!化石的研究者，中国科学院古脊椎动物与古人类研究所的徐星在《自然》杂志上撰文报道了这件珍贵的标本。

徐星将这个新物种命名为"五彩冠龙"，其属名"冠龙"乃说明该龙的特征，即头部有冠。种名"五彩"乃是表明其化石产地五彩湾那些色彩绚烂的岩石。五彩冠龙全长约3米，发现于中国西北部准噶尔盆地的晚侏罗世地层。这只已知最早的暴龙类成员表现出很多意想不到的原始的骨骼特征，这些不寻常的特征组合给本来所知甚少的虚骨龙类的早期辐射带来了新的研究方向。

此次发现的五彩冠龙共有2具标本，分别是IVPPV14531与IVP-PV14532。它们保存的特征表明V14532在一片平坦河床形成的湿地中死亡，而后V14531也重蹈覆辙，在同一地点死亡，并在死后相当长的时间内暴露在地面。

对五彩冠龙的组织学分析表明：V14531年龄相对比较老，它用7年的时间达到了完全成年的体形，死的时候为12岁，属于"稳定晚期"的个体。而V14532可能年仅6岁，研究表明这只恐龙正在积极生长，处于发育的高峰期。

棘 龙

家族档案

中文名称：棘龙

拉丁文名：spinosaurus

生存年代：晚白垩世

化石产地：摩洛哥，埃及

体形特征：长 15～17 米

食性：肉食

种类：兽脚类

释义：有棘的蜥蜴

棘龙是晚白垩世非洲的一种巨型的肉食性恐龙，属于兽脚类中的棘龙类，是一种非常奇特的恐龙，这可以从其背部长棘、圆浑的牙齿和长长的似鳄鱼的嘴巴看出来，这些特征在大型肉食性恐龙中极为罕见。

棘龙有着跟暴龙同级数的攻击和掠食能力。棘龙的体形跟暴龙不相上下，体重达 4～8 吨左右，比暴龙略重，只是棘龙的前后肢比例没有那么极端。暴龙的后肢所占的比重比前肢多很多，前肢只有一个人的手臂那么长，这样，数吨重的身体就全部交由后肢来支撑；而棘龙的前肢比暴龙长得多，能有效地捕猎。

棘龙是种兽脚亚目恐龙，生存于晚白垩世（阿尔比阶到早森诺曼阶）的非洲

不同于其他兽脚类恐龙拥有的西餐刀形牙，棘龙的牙齿是圆锥形，牙齿表面有几条纵向的平行纹。这样的特征是鳄鱼等食鱼性爬行类才有的。后来，古生物学家在棘龙化石的胃部发现有鱼鳞。看来，棘龙是以鱼为主食的恐龙，它牙齿表面的纵向纹可能有助于鱼肉黏在牙齿上。

棘龙的背部有很多长达 1.8 米的棘，它们从头部后方延伸到尾巴前缘部分，上面覆盖着表皮，看起来就像小船上扬着的帆。对于棘龙背上的"帆"的功能，古生物学家有几种设想。其中一些理论认为棘帆上覆盖着一片薄皮，皮里面布满了微血管，血管会将身体里面多余的热量带出来，由空气把它带走，起散热的作用。所以，散热的理论成了主流学说。另外，亦有理论指出棘帆就像骆驼的背峰，用来储存脂肪，在干旱的日子维持生存。也有人说棘帆是色彩鲜艳的求偶工具，就像今天的孔雀。另外还有一些奇特的理论，例如棘帆上布满了具有跟太阳能电池板上负硅（硅）层相似用途的特殊细胞，在日间吸收太阳能，储存在某一个特殊组织中，保持夜间天气寒冷的时候（一些沙漠的温差可以很大：日间 $50℃$，夜间 $-10℃$），可以用来活动的能量。

早在 1912 年，德国古生物学家斯托莫尔就在埃及发现过棘龙的化石。斯托莫尔表示，这一肉食性恐龙体形比暴龙还大。但不幸的是，1944 年，存放这一化石的慕尼黑博物馆被盟军空袭炸毁，棘龙化石也随之化为乌有。

意大利国家自然历史博物馆的古生物学家萨索从本国私人收藏者那里获得了一具来自摩洛哥的破损严重的棘龙头骨，同时从芝加哥自然历史博物馆得到一部分未经分析的骨骼。在研究之后，他确认棘龙的体形将超越之前古生物学家所知道的任何肉食性恐龙。

经萨索分析，他找到的棘龙身长 17 米，嘴巴有 99 厘米长，头部有 1.75 米长，体重 8 吨。最近，古生物学家发现一具早白垩世的翼龙化石的颈椎被嵌入了一颗牙齿。这颗牙齿的主人被鉴定为棘龙，这直接证明了棘龙的食谱中除了鱼类之外还包括其他食物，比如这种倒霉的翼龙。

戟龙

家族档案

中文名称：戟龙

拉丁文名：styracosaurus

生存年代：晚白垩世

化石产地：加拿大阿尔伯脱省，美国蒙大拿州

体形特征：长5米

食性：植物

种类：角龙类

释义：长矛的蜥蜴

戟龙曾漫游在北美洲的大平原，用像鹦鹉那样弯曲的喙嘴切割采食那些低冠植物的松针。戟龙长5米，高1.8米，重约3吨，从整体上看，它和三角龙并没有太大的区别，只是个子略小些。

戟龙两眼上方略有凸起，后面的颈盾有很多褶皱，颈盾上部边缘长着六只长形、厚重、尖锐的钉状凸起，如同又增加了许多角，侧边也有尖刺，只是短得多。像赤鹿巨大的角一样，颈盾上奇特的尖刺可以吸引异性戟龙和威慑戟龙的天敌。戟龙的颈椎非常的坚固，可以帮助支撑起它那巨大头部的重量。

巨大的鼻角像牡赤鹿巨大的角一样的戟龙

但对于格斗来说，戟龙头上的尖角太微不足道了，不过它还有叫敌手生畏的武器，那就是鼻骨上长达 60 厘米，宽 15 厘米的巨大鼻角。攻击时，戟龙的鼻角能直刺大型肉食性恐龙的身体，而颈盾亦能使自己的脖子免遭敌人尖牙利爪的袭击。戟龙以高速冲击，用鼻角突袭，往往给肉食性恐龙毁灭性的打击，可怕的鼻角可以刺透肉食性恐龙的皮肉，并在那里留下一个圆洞状的伤口，让敌人失血过多而亡。

剑 龙

家族档案

中文名称：剑龙

拉丁文名：stegosaurus

生存年代：晚侏罗世

化石产地：美国科罗拉多州、犹他州、怀俄明州，非洲马达加斯加岛

体形特征：长 8-9 米

食性：植物

种类：剑龙类

释义：有犀顶的蜥蜴

第一具剑龙化石标本由马什于 1877 年发现，时处著名的"化石战争"时期（就是美国的两大恐龙猎人集团——柯普和马什激烈竞争的 25 年间）。当时只发现 2 个不完整的成年标本，包括 2 个头骨与已经散成 30 多片的颅后骨。但情况特殊，马什迅速将其命名为"剑龙"，并在媒体大肆炒作，使剑龙成为最著名，也最受小朋友喜爱的恐龙之一。

剑龙是典型的植食性恐龙，它全长 8～9 米，高 2.75 米（不含骨板），重 3.1 吨。剑龙的拉丁文原意是"有屋顶的蜥蜴"，一个非常形象生动的名字。它长有非常小的头部，20 片高 76 厘米的大型骨板分布在

脊椎上，就像屋顶的瓦片，尾部的末端对称长着4个钉状脊。

剑龙以四足行走，由于其臀部非常高而肩部却相当低平，头部常处在距地面1米高的地方，因此可以觅食较低的植物。中晚侏罗世，水源边常长满了绿色地

博物馆内背上长着许多骨板的剑龙化石

毯般茂密的矮蕨类植物，这样的地方一般没有高大的树木。剑龙那用于啃食和研磨的小牙齿很适于在这样的开阔区进食，样子活像一台缓慢的收割机。

剑龙的生活环境并不安全，肉食性恐龙高手云集，北美洲的异龙、亚洲的气龙，这些对任何肉类都感兴趣的残暴杀手肯定整天打着剑龙的主意。但是，剑龙已经具备了一套独特的防御武器，那就是它尾巴尖上的钉状脊。当遭受捕食者攻击时，剑龙会把身体转到某个适当的位置，将足以保护它整个身躯的骨板指向进攻者，同时，用带有长刺的尾巴猛烈抽打天敌。这些武器以及这样的防御方式虽然没有强大到能够杀死大的捕食者的地步，但是通常足以产生威慑效果。设想一下，谁会去踩四颗图钉呢？所以捕食者为了避免受伤就会停止对剑龙的追捕，转而去寻找更容易捕获的猎物。

仔细观察剑龙，其最特殊的特征之一是其极小的脑袋，试想一个重1.8～2.5吨的庞大生物，怎可靠这个比狗还小的脑指挥呢？之后，古生物学家在剑龙的骨架化石上发现一个小小的凹槽，我们从未在其他恐龙身上发现这个特征。所以发现者认为在凹槽处长有剑龙的"第二个脑"，

但如今古生物学家普遍认为在凹槽处应该是一种特殊神经结，用来协助大脑控制后肢与尾部的神经，以及储存糖原来激发肌肉的功能而已。

剑龙另一个奇异之处就是骨板。那些骨板总共有两排，和角龙类的角不一样，骨板是由骨头构成的，而不是由角质层构成的。它的用途众说纷纭，主流学说认为骨板乃防御武装，非主流学说认为用于调节体温。骨板的表面有分支状的凹沟，可能是脉络沟。骨板内部有许多穿孔构成分支管道，这样就可以控制血液的流量，调节体温。

加上剑龙五角形的骨板交错排列，这种排列方式也有助于空气的流动带走从骨板发出的热力，所以，剑龙的骨板可能发展出两种不同的用途。另一个理论是骨板满布鲜艳颜色以吸引异性。但这一学说严重缺乏证据，因为化石保存不了色素。除了脊椎上的骨板、尾部的钉状脊，剑龙还有一个经常被遗忘的非常特殊的防御工具，就是从它下颌骨一直延伸到颈椎下方的一排细骨板，这些大如硬币的细骨板密集排列，结合椎体上方的骨板完美保护着剑龙的脖子和头部。

结节龙

家族档案

中文名称：结节龙

拉丁文名：nodosaurus

生存年代：晚白垩世

化石产地：美国怀俄明州、堪萨斯州

体形特征：长 4~6 米

食性：植物

种类：甲龙类

释义：有结点、节点的蜥蜴

结节龙生存于晚白垩世的北美洲，是结节类恐龙的典型代表。单从外形上看，它的样子比较像剑龙，但脑袋比剑龙要大一些。与剑龙特别不同的是：结节龙身上生着的不是竖立的骨板，而是宽而

在原始深林中，头部与身体满覆瘤状骨板的结节龙

平的骨质甲片，这些骨甲密布在身体的背面，每块骨甲上还冒出小小的骨突，仿佛背上盖着一张"骨毯"。

结节龙和许多恐龙一样，主要以植物的嫩叶和根茎为食，用四条腿走路，它的四肢粗壮，但后肢与前肢的长度基本差不多，脚部短而宽。结节龙四肢和躯干都比较强壮，能够承受浑身上下甲片的重量，而尾巴的末端并没有尾锤。

此外，结节龙类群虽属甲龙类大家族中的成员，但古生物学家很容易就会将它们与别的甲龙类区分开来，这得益于结节龙类群有着别的甲龙类所没有的特征：在肩和脖子处长有向外凸出来的骨棘，背上布满了骨甲，而且它们也没有像别的甲龙那样有着棒槌状的尾锤。

巨齿龙

家族档案

中文名称：巨齿龙

拉丁文名：megalosaurus

生存年代：中侏罗世

化石产地：欧洲，东非，澳洲，印度，中国

体形特征：长 9～10 米

食性：肉食

种类：兽脚类

释义：大蜥蜴

1824 年，英国矿物学家巴克兰根据一些脊椎动物的骨骼命名了巨齿龙。他说："它既不是鳄鱼，也不是蜥蜴，它长达 10 米，高 3 米，重 1 吨，远比一般的蜥蜴巨大，体积相当于一头 2 米多高的大象。"人们被深深震撼了，这就是最早命名的恐龙。

巨齿龙比 2 头犀牛还要长，它的大嘴里长满大而尖的牙齿，每颗牙齿的大小相当于当时小型哺乳类的整个颌部。巨齿龙的牙齿后弯且倒钩，边缘呈锯齿状，就像一把带有锯齿的匕首，而且它的齿根长在颌骨的深处，即使是最激烈的撕咬争斗，也不会使牙齿松动。巨齿龙的前后肢都长着利爪，这是它用来攻击猎物的有力武器，如可以轻易撕开猎物坚韧的皮。

巨齿龙除了可怕的大嘴外，还是世界上足迹最长的恐龙。20 世纪 90 年代，一个由美国丹佛科罗拉多大学恐龙足迹古生物学家洛克莱率领的古生物考察队在位于土库曼斯坦和乌兹别克斯坦边境上的一片泥滩上，发现了由 20 多条巨齿龙留下的迄今为止所发现的世界上最长的恐龙足迹化石。

巨齿龙意为"怪物蜥蜴"，是劳氏鳄目的一属，生存于三叠纪诺利阶的德国

其中，有5串足迹比过去在葡萄牙发现的147米的世界最长恐龙足迹还要长，其长度分别为184米、195米、226米、262米和311米。同时，这些新发现的足迹与过去在北美洲和欧洲发现的巨齿龙的足迹非常相似。像所有的肉食性恐龙一样，巨齿龙的足迹显示它的一只脚的足印并不落在另一只脚的前面，而是在左右足印之间有90多厘米宽的间距。

开角龙

家族档案

中文名称：开角龙

拉丁文名：chasmosaurus

生存年代：晚白垩世

化石产地：美国，加拿大

体形特征：长5～8米

食性：植物

种类：角龙类

释义：开口的蜥蜴

在早白垩世，北美洲被一个浅海从中间分开，大部分地区属于亚热带气候。开角龙正是生活在这一时期的恐龙。它被发现于1914年，与其他常见的角龙类恐龙，如三角龙等属于同一种类。

开角龙长5～8米，重约35吨。和所有角龙类一样，开角龙头上也长着角，其三只角排列方式大致与三角龙相同：在鼻子上的角比较短、在眼睛上方的两只角比较长而尖。不过，开角龙的体形较小，防御力也比三角龙逊色。但开角龙夸张的颈盾却比三角龙更巨大且结构复杂，它是由多个骨板、角质隆起所组成的，其背部也有圆形的凸起物，相信有装饰及保护自己的作用。但这个颈盾是中空的，很难承受强大的冲击力，

外观和三角龙极为相似,但体形较小,可是却拥有比三角龙更夸张华丽的颈部盾板的开角龙

也难以抵挡强大的天敌,如暴龙等。在难以发挥实际作用的情况下,颈盾可能只有威吓的用途。

为什么开角龙的颈盾会中空呢?也许,开角龙也有着装甲带给它们的利弊问题。无疑,装甲是有效的生存利器,但过度坚固厚重的装甲会使恐龙的负担加重,甚至阻碍了逃生。开角龙可能利用颈盾侧面边缘的很多小孔和中空的颈盾来减轻装甲对自身造成的负担。所以,古生物学家估计开角龙舍弃了较强的防御能力,选择了机动性,即逃生的能力。他们认为在速度上,开角龙可以跑得比任何一只三角龙快,这都是依赖它那相对轻型的身躯所致。

恐手龙

家族档案
中文名称:恐手龙
拉丁文名:deinocheirus
生存年代:晚白垩世
化石产地:蒙古
体形特征:长 7~12 米
食性:肉食
种类:兽脚类
释义:恐怖的手的蜥蜴

恐手龙是最不寻常的掠食者，古生物学家则称它是最容易让人做恶梦的恐龙。1965年，古生物学家在蒙古戈壁沙漠发掘出一种具有可怕爪子的恐龙，仅仅挖掘出来前臂与手指部分的骨骼——但是光这一

有着尖锐的爪子的恐怖的恐手龙的还原图

部分伸长就可达3米!每一个指头都饰以尖锐的、勾状的爪子，每一只爪子长达20～30厘米。

有一位古生物学家写道，当他想象整个恐龙的模样时真是毛骨悚然，它可能是曾经生存过的恐龙中最为恐怖的一种。因为已以"恐怖利爪"而命名恐爪龙了，因此古生物学家将其命名为"恐手龙"。

棱齿龙

家族档案
中文名称：棱齿龙
拉丁文名：hypsilophodon
生存年代：早白垩世
化石产地：英国
体形特征：长约2.3米
食性：植物
种类：鸟脚类
释义：有高脊牙齿的蜥蜴

经过精确整理出来的棱齿龙的骨架模型图

到距今 1.1 亿年前后的早白垩世，出现了一些个子不大但非常善于奔跑的植食性恐龙——棱齿龙。棱齿龙的两腿修长优美，有很长的前肢，每只手上有五指，古生物学家相信长长的前肢方便摘取食物。棱齿龙的喙嘴狭窄锐利，这给咬食松枝、松针带来很大方便。它与身体成水平的尾巴则在高速奔跑时提供了保持平稳和急速转向的能力。

以前，有人认为棱齿龙是在树上生活的，后来才发现它们的习性很像今天的非洲瞪羚。因为棱齿龙用两腿行走，姿势呈水平，大部分重量的肌肉用于带动腿部，而身体其他部分则相对较轻，所以这种结构意味着棱齿龙是一种善于奔跑的恐龙，具有快速逃走的能力，可能是鸟脚类中速度最快的类群之一。而且棱齿龙拥有良好的结构弹性，这显出这种恐龙适合用跳跃的方式来逃避掠食者。这是这类小型植食性恐龙在弱肉强食、适者生存的环境下能够得以延续的主要原因。

棱齿龙同类分布遍及世界，不过它们也有自己的特征，这个特征就正是命名的原因。棱齿龙的上颌牙齿上半部向内弯曲，下颌则相反。它的牙齿上面有五六条棱（起角的位置），这些棱在上、下颌的牙齿上均可以找到，这些棱在牙齿表面上形成倾斜的磨蚀面，这让它们在不断进食时不会对牙齿造成太大的损害。

镰刀龙

家族档案

中文名称：镰刀龙

拉丁文名：therizinosaurus

生存年代：晚白垩世

化石产地：蒙古，哈萨克斯坦

体形特征：长 8～11 米

食性：植物

种类：兽脚类

释义：长柄大镰刀的蜥蜴

　　1923 年，古生物学家在蒙古发现了一个巨大的化石前臂骨骼，以及一些钩爪化石。其前臂大约 2.5 米长，一些钩爪大约 75 厘米长——就像是用来除杂草的长柄大镰刀一样。于是，发现者将其命名为"龟型镰刀龙"，并将其归入到巨海龟中。直到 1990 年，较完整的化石发现后，才知道镰刀龙是一种未知的庞大的恐龙。

　　镰刀龙有着一副非常奇怪的长相：它的头像植食性动物，可是前肢又像凶猛的肉食性动物，长有弯曲尖锐的大爪子，它的肚子臃肿肥大，脚则又宽又短，堪称恐龙世界中的"四不像"。

　　外形奇特的镰刀龙是一种中大型两足行走的兽脚类恐龙，它生活在晚白垩世的戈壁沙漠上（当然，当时的戈壁沙漠并不像今天这样黄沙遍野、一片荒凉，而是植物繁盛、水草丰美的胜地）。镰刀龙尾巴僵直，是因为在它的尾骨上长着被称为骨棒的支撑物。镰刀龙的骨骼与其他同类

镰刀龙是一种生活在中国戈壁沙漠的镰刀龙类动物,尾巴僵直

相比已经相当进化,其化石长 9.6 米,重 6.2 吨,前肢很长,指上有锋利的爪子,同时还有粗壮的下肢,宽大的脚趾上也长着爪子,短尾,并且身上很可能覆有原始羽毛。

对于镰刀龙的食性,众人说法不一,其中有三种观点最为普遍。一种观点认为,镰刀龙以蚁为食,它有力的前肢和长长的爪子可以轻易地挖开蚁巢取食,类似于现今南美的大食蚁兽。另一种观点认为,镰刀龙生活在水边,以捕食水中的鱼为食。第二种观点认为镰刀龙吃植物,无齿的喙、具脊的牙齿、两颊的颊囊,都说明它可以很有效地啃食松针并将其切成碎片。而且它的盘骨呈篮型,趾骨向后的特征,使它腹部有更大的空间,可以容纳消化植物所需的很长的肠子。

如果第三种观点正确,那么镰刀龙应是一种极特殊的吃植物的兽脚类。而且镰刀龙大腿比小腿长,足部短宽,不能像其他兽脚类那样快速奔跑和捕食活的动物,只能轻快地行走,至多慢跑。

镰刀龙的巨爪可以用来自卫或者是争夺配偶。当遇到天敌时,它可能站着伸开它的臂,像一只轻拍翅膀的天鹅一样,展示它的巨爪,以起到威吓的作用。但是镰刀龙的劲敌可是当年在东亚大陆上作威作福的特暴龙。特暴龙是否会向镰刀龙的巨爪退让,好像不容乐观……反观现代的大食蚁兽的爪子就足以杀伤山狮和美洲豹,虽然它还是有可能被捕食,但是也的确能进行强有力的反击。不光是大食蚁兽,就是小食蚁兽的爪子也是相当厉害的。

至于镰刀龙的行走方式,一部分古生物学家认为,镰刀龙的前肢与后肢长度相近，估计是像大猩猩或爪兽那样行动。但是更多的古生物学家认为，它不应该是四肢着地的，因为它前肢的结构不适合支持体重，爪也比较碍事。

　　由于有关镰刀龙的骨骼化石并不齐备，因此，它的很多特征都属于猜测，这有待于我们进一步去开发、挖掘。

梁　龙

家族档案

中文名称：梁龙

拉丁文名：diplodocus　生活年代：晚侏罗世

化石产地：美国科罗拉多州、蒙大拿州、犹他州、怀俄明州

体形特征：长 27 米

食性：植物

种类：蜥脚类

释义：双倍横梁的蜥蜴

梁龙生活在 1.45 亿～1.55 亿年前的晚侏罗世，是一种巨大的植食性性恐龙。梁龙的身体非常长，化石表明，它的身体即使不完全伸展也长

梁龙是有史以来陆地上最长的动物之一

达 27 米。梁龙有着极细长的脖子和尾巴，其中脖子长 8 米，尾巴长 14 米，所以它虽然个子大，体重却并不惊人，通常约 10~20 吨。

一般的说法是，梁龙是地球上曾经出现过的最长的动物。根据数据，最长的恐龙应是地震龙（地震龙，即"震撼大地"之意），长达 47.67 米，而不是梁龙。但是部分古生物学家认为已发现的地震龙化石属于一只长得过大的梁龙。古生物学是一门经常在变动的科学，变动的原因之一就是桂冠常常在变更。

梁龙的脑袋很小，鼻孔长在头顶上，嘴里长着扁平的牙齿，它吃东西的时候可能很少咀嚼，而是将松针等食物直接吞下去。它们会挑选植物较嫩的部分，以减轻胃部的消化负担。梁龙的前腿比后腿短，臀部高于前肩；每只脚上有 5 个脚趾。它每次生下很多蛋，但不照顾自己的孩子。幼龙发育速度很快，只要很短的时间就可以完全成长。一只 5 岁大的象约重 1 吨，然而同年龄的梁龙却重达 20 吨，长达 15 米。对于不受亲族保护的幼龙来说，生长速度快可以使它们的体形迅速达到可与掠食者一比高低的水平，增加成活率。

梁龙的身体被一串相互连接的中轴骨骼支撑着，称为脊椎骨。它的脖子由 15 块脊椎胃组成，胸部和背部有 10 块，而细长的尾巴内约有 70 块。梁龙脖子虽长，但由于颈骨数量少且韧，因此脖子并不能像蛇颈龙一般自由弯曲。人门通常认为，它的脖子长得那么长是为了把头伸到松树上去吃松针，就像长颈鹿那样。然而从骨骼间的啮合方式来看，梁龙不可能把头抬到水平以上太高的位置。不过它们却能毫无困难地把头伸向地面（事实

保存在博物馆的恐龙蛋化石

上它们有可能把头伸到水平以下的位置），然后大把扫掉地面上的植物，无需移动庞大的身躯。

　　虽然梁龙是行动迟缓的植食性恐龙，但这并不表示它们面对天敌时束手无策。古生物学家认为，梁龙能用它强有力的尾巴来鞭打天敌，迫使进攻者后退。可以想象得出，梁龙在吃食的时候，尾巴不断抽打的情形。梁龙还可能用后腿站立，用尾巴支持部分体重，以便能用巨大的前肢来自卫，它的前肢内侧脚趾上有一个巨大而弯曲的爪，那可是它锋利的自卫武器。

辽宁角龙

家族档案
中文名称：辽宁角龙
拉丁文名：liaoceratops
生存年代：早白垩世
化石产地：中国辽宁
体形特征：长 1 米
食性：植物
种类：角龙类
释义：来自辽宁的有角的恐龙

　　辽宁角龙是中国科学院古脊椎动物与古人类研究所的徐星于 2002 年在辽宁西部地区发现的一个新的原始角龙类恐龙。经过研究后这种恐龙被命名为"辽宁角龙"，它在分类上属于新角龙类。传统上，角龙类恐龙被划分为两个类群：长有类似鹦鹉嘴的喙部的鹦鹉嘴龙类和长着颈盾的新角龙类。系统发育分析表明，辽宁角龙属于原始的一种新角龙。它所具有的过渡性质的形态填补了鹦鹉龙类和新角龙类之间的形态差距。

中国科学家 2002 年在辽宁西部地区发现了新型恐龙——辽宁角龙

徐星推断，辽宁角龙生存于大约 1.3 亿年前的早白垩世，大小接近于体形较大的狗，是一种四足行走的动物，以植物为食；辽宁角龙和晚期特化发育有长长的颈盾的三角龙不同，辽宁角龙的颈盾短，颧角微弱。

古生物学家还发现了角龙类的一系列重要特征，比如炫耀性的颈盾和特化的咀嚼构造的进化过程缓慢。这是因为原始属种和进步属种差别很大，但新的发现提供了过渡的形态，表明这一变化具有渐进性，这说明其进化经历了一个缓慢、渐进的过程。

更为有趣的是，辽宁角龙的发现揭示了角龙类早期进化过程中的镶嵌进化现象。因为，通过研究辽宁角龙，古生物学家发现，角龙类恐龙头骨不同部分的进化速率差别很大，导致进步特征和原始特征在同一属种上表现明显。另外，过去角龙类的一系列重要特征的进化序列较为简单，呈现出明显的方向性，而新分析表明，这一过程充满了非同源的进化。这表明，角龙类的进化过程要比人们想象的复杂。

由于辽宁角龙的发现，导致一些角龙类属种在系统进化树上的位置发生了改变，因此，将改写角龙类的进化史。辽宁角龙是当时世界上已知最早的新角龙类恐龙。结合早期角龙类的形态和它们的生存时代资料，古生物学家发现鹦鹉龙类和新角龙类这两个支系在分离后形态上产生了快速变化，很快获得了各自独特的形态特征，同时，这种快速进化也导致了一些形态特征的复杂性分布。

马门溪龙

家族档案

中文名称：马门溪龙

拉丁文名：mamenchisauru

生存年代：晚侏罗世

化石产地：中国，蒙古，日本

体形特征：长 21～25 米

食性：植物

种类：蜥脚类

释义：来自马鸣溪的蜥蜴

距今 1.45 亿年前的晚侏罗世，覆盖着广袤的、茂密的森林，到处生长着红杉树，常有成群结队的马门溪龙穿越森林。马门溪龙的牙齿不像梁龙类的钉状牙，而是勺状的，这可能更加适合当时的植被。

马门溪龙是中国目前发现的最大的蜥脚类恐龙之一，标准网球场的长度是 23.77 米，马门溪龙就达到了 25 米，实在是难以想象。它的脊椎骨中有许多空腔，因而相对于它庞大的身躯而言，其 12 吨的体重并不夸

马门溪龙是中国目前发现的最大的蜥脚类恐龙

张。马门溪龙从尾梢到鼻尖的总长度为 25 米，体躯高将近 4 米。它的颈特别长，约有 14 米，相当于体长的一半，是目前为止是曾经生活在地球上的脖子最长的动物。若马门溪龙站在地面上，它的头会很容易伸进三楼房间的窗户内。在构造上，马门溪龙长长的颈肋像石膏夹板一样将几节颈椎"捆"在了一起。一旦把长颈扬起来，并呈"S"状弯曲，那么在弯曲幅度较大的地方，尤其是在颈的后部，颈部肋骨就会刺穿颈部皮肤等软组织，对身体造成重度伤害。

马门溪龙的颈长是因为不仅构成其颈的每一颈椎长，且颈椎亦多达 19 个，是蜥脚类中最多的一种。另外，颈肋也是所有恐龙中最长的（最长颈肋可达 2.1 米）。与颈椎相比，背椎（12 枚）、荐椎（4 枚）及尾椎（35 枚）相对较少。

马门溪龙的尾巴也占了身体的一大部分，尾巴可以以超音速挥动（电脑模型计算结果），发出犹如大炮的威力，可作防御之用。建筑设计工程学家表示，马门溪龙的颈和尾巴，加上身体部分，就好像一座吊桥（比如金门大桥）。脊椎骨就如吊桥的钢缆，发挥着支撑颈和尾巴的作用，把重量传至身体部分、脚及地面。身体部分就像桥塔，起到把重量传至地面的作用。马门溪龙的吊桥模型并不平衡，因为它的颈和尾巴长度并不平均，颈较长，尾巴较短。以目前的工程技术，要建造如马门溪龙式的吊桥十分困难。

在中国，马门溪龙是不可不提的恐龙。马门溪龙有好几个品种，让我们看看其中比较著名的：

建设马门溪龙：众所周知的马门溪龙可算是恐龙家族中的大明星了，可是建设马门溪龙的标本十分稀少，最早展出时还采用墙装法，将没有化石的部位用油画表示，现在墙装法较为罕见。

合川马门溪龙：长 22 米，高 3.5 米，脖颈约是身长的一半，头小，四肢粗壮，以植物为食，生活在湖滨及沼泽地带，曾有亚洲第一大恐龙的美誉，产地是四川合川县。在国内外很多博物馆都有合川马门溪龙的模型。中国著名的教育家、文学家、史学家郭沫若就为合川马门溪龙题过字。

杨氏马门溪龙：根据 1989 年采得的一具带有头骨，非常完整的骨架标本命名。它长 18 米，颈部的长度约为身体全长的一半，由 19 节长大的颈椎组成。其头骨轻巧，开孔很大，上下颌牙齿数多，勺状。杨氏马门溪龙的眼眶内具有巩膜环，可以调节光线，估计视力良好，可以了解大范围内的食物和敌害等情况。

中加马门溪龙：虽现在还没有装架展示，但仅从发现的股骨（大腿骨）就足以猜想它活着时的身体有多长。这根股骨长约 2.5 米，估计复原后体长可达 35 米，产地是新疆准噶尔。因为它是在中国和加拿大联合考察时发现挖掘出来的，所以叫中加马门溪龙。

犸君颅龙

家族档案
中文名称：犸君颅龙
拉丁文名：majungatholus
生存年代：晚白垩世
化石产地：马达加斯加
体形特征：长 7～9 米
食性：肉食
种类：兽脚类
释义：犸君（马达加斯加岛的别称）的脑袋

古生物学家从马达加斯加出土的恐龙化石上发现了其嗜食同类的证据。证据来自于这种 6500 万～7000 万年前的犸君颅龙。由于它们的尸体很快就被洪流淹埋了，所以保存了骨骼的微细结构，现在它们腿骨上

来自于马达加斯加白垩世的玛君颅龙

的锯齿状沟痕肉眼可见。

　　古生物学家分析了 2 个个体的 20 个有齿痕的骨头，发现伤痕和该恐龙的牙齿吻合。他们排除了是两种大鳄鱼造成的可能，因为它们的齿痕是不规则状的。较小的恶龙有类似的齿痕，但太小了，唯有玛君颅龙的牙齿符合该形状。玛君颅龙当然不只是吃同类恐龙，同样的齿痕在蜥脚类恐龙的骨盆上也有发现。为了严谨起见，古生物学家仔细检查了食尸甲虫在恐龙骨上造成的沟槽。因为现生的食尸甲虫会在干燥的情况下挖入骨头内成蛹，结果没有发现。

　　古生物学家解释道，嗜食同类是动物面对艰难环境的普遍反应，白垩世的马达加斯加并不是一个乐园，当时的它比现在更接近赤道，土壤化石等证据显示当时它可能是干旱的沙漠。

慢　龙

家族档案

中文名称：慢龙

拉丁文名：segnosaurus

生存年代：早白垩世

化石产地：蒙古

体型特征：长 4～9 米

食性：植物

种类：兽脚类

释义：缓慢的蜥蜴

　　慢龙生活在距今 9300 万年前的早白垩世，是一种非常奇特的两足行走的恐龙，属于兽脚类恐龙中的镰刀龙类。我们知道，镰刀龙类同时具有兽脚类、原蜥脚类和鸟臀类的特征。

　　慢龙的头部小而窄，下颌单薄，吻端是无齿的喙，口中生有类似原蜥脚类的尖锐颊牙，两颊有肉质颊囊。前肢较短，手有 3 指，指端是弯钩状大爪；后肢较长，足部可能长有蹼，4 趾具爪。慢龙大腿比小腿长，足部短宽，不能像其他兽脚类那样快速奔跑和捕食活的动物，只能以两足轻快地行走，至多慢跑。但它多是懒洋洋地缓慢踱步，于是，它也因此得名。

　　关于慢龙的生活方式，古生物学家众说纷纭。一种观点认为，慢龙以蚁为食，它有力的前肢和长长的爪子可以轻易地挖开蚁巢取食，类似于现今南美的大食蚁兽。另一种观点认为，慢龙在水中捕食，因为曾在慢龙化石附近发现一串具蹼的 4 趾脚印，古生物学家认为这可能是慢龙留下的，若慢龙脚具蹼说明它会游泳。

　　不过，慢龙的下颌显得无力，捕食滑溜溜的水中动物可能不是易事。

生活在距今 9300 万年前的晚白垩世早期的慢龙

第三种观点认为慢龙吃植物，无齿的喙、具脊牙齿、两颊具颊囊，说明它可以很有效地啮食松针并切成碎片，而且它趾骨向后的特征，使它腹部有更大的空间，可以容纳消化植物所需的很长的肠子。如果第三种观点正确，那么慢龙应该是一种吃植物的兽脚类。

冥河龙

家族档案

中文名称：冥河龙

拉丁文名：stvimoloc

生存年代：晚白垩世

化石产地：美国怀俄明州、蒙大拿州

体形特征：长 3～6 米

食性：肉食

种类：肿头龙类

释义：来自地狱河中的恶魔

这是一种脑袋顶部、后部与口鼻部饰以非常发达的骨板与棘状物的神秘恐龙，它的命名源于美国蒙大拿州的地狱溪，1983 年发现冥河龙时的场景就像看到一具地狱恶魔的遗骸一般恐怖。在全部化石记录中，冥河龙那繁多的精巧而复杂的脊冠使它在肿头龙类乃至全部恐龙中都是最面目狰狞的。

遗憾的是，我们对这种恐龙所知甚少，迄今我们只发现了 5 具冥河龙的头骨，以及一些零零碎碎的身躯遗骸，但这并不妨碍我们推断出它的生活习性。

冥河龙与其他肿头龙类一道在晚白垩世的北美洲大陆上生活，它直立行走，前肢细小，并长有坚硬的长尾巴。

冥河龙是一种相貌怪异的恐龙,特别是头部

冥河龙的头盖骨非常厚实,一部分古生物学家认为雄性冥河龙之间是以互相碰撞头部来争夺伴侣的,习性类似于当今的野牛,繁殖季节的格斗是那么惊心动魄。另一部分古生物学家则认为冥河龙脑袋上的骨板纯粹是装饰而已,炫耀其漂亮的脑袋可以使雄龙在繁殖季节吸引异性。

冥河龙最大的特点是其头骨极其坚固,头骨的密度比其他恐龙高,由此可见它们的头骨的确有更好的防震能力。它的头部有一个坚硬的圆形顶骨,厚达 29 厘米的头盖骨非常厚实,周围布满了锐利的尖刺,而且圆顶连接着脊椎,可以抵受更猛烈的冲撞,而角刺则可用来相互碰撞,充当御敌的武器,确实不是一个好惹的角儿。

古生物学家对冥河龙化石的研究已经取得了一定的成果。研究表明,大部分的肿头龙类脑袋后部的洞网状结构都有愈合的趋势,这使得其头盖骨的厚度能够有所增加,从而证实了这样一种假设:肿头龙类的进化趋势就是头盖骨趋向更厚实的方向发展。冥河龙那异常厚实的脑袋表明,它在肿头龙类中是比较进步的种类。

古生物学家在冥河龙的栖息地发现了暴龙、阿尔伯脱龙等大型肉食性恐龙,这表明群居生活的冥河龙已经建立了有效的预警机制,机警而敏捷的冥河龙担任着警戒任务,当肉食性恐龙进犯的时候,它们会为了保护老、弱的同类撤离而与其殊死格斗。

恐龙迷们可以想象一下，拥有极发达头盖骨与棘的冥河龙与暴龙战斗的场面该是多么血腥……

平头龙

家族档案

中文名称：平头龙

拉丁文名：Homalocephale

生存年代：晚白垩世

化石产地：蒙古

体形特征：长 3 米

食性：植物

种类：肿头龙类

释义：扁平头的蜥蜴

平头龙全长 3 米，是肿头类恐龙家族中的成员，它的头盖骨非常厚实，表面粗糙，上面布满了凹坑和骨瘤，这种宽而厚的头盖骨具有很重要的用途。在交配季节来临时，雄性平头龙会用头互相顶撞，看看谁是种群中的强者，并以此向雌平阔大龙炫耀，以求得对方欢心。这也是决定谁能当群首的方式。它们强健的脊椎和长长的后肢就像汽车的减震器一样，在激烈的撞击中发挥着重要的作用，而且它宽大的骨盆，也可以很好地吸收掉上身受到的冲击。

古生物学家推测，平头龙那肿厚的头是在以头顶撞头的方式来角逐群体首领的习性中渐渐发展起来的。当然，这样的厚头也可作为防御敌害的武器，面对肉食性恐龙的袭击，埋头冲上去，进犯者无计可施，大多只好悻悻离去。若是依靠群体的力量，把入侵者团团围住，严阵以待，

颅骨顶部非常厚实，表面粗糙，上面布满了凹坑和骨瘤的平头龙

那被包围的肉食性恐龙反倒成为"瓮中之鳖"，随时有被撞死的危险。这样看来，平头龙也算是植食性恐龙中的强者呢！

古生物学家根据所发现的平头龙的化石骨架，为它勾画出了完整的形象：平头龙大约有雄狮那么长，站立时可以到一个人的腰部那么高。它们用两个后肢行走，以植物为食，并且像现在牧场中的牛羊那样，以群居方式生活。

腔骨龙

家族档案

中文名称：腔骨龙

拉丁文名：Coelophysis

生存年代：晚三叠世

化石产地：美国亚利桑那州、新墨西哥州、犹他州

体形特征：长 2.5~3 米

食性：肉食

种类：兽脚类

释义：空心形态的蜥蜴

　　腔骨龙是生存于晚三叠世的小型肉食性恐龙，属于早期的恐龙之一。它的头部小而长，脑部并不大。跟大部分小型肉食性恐龙一样，腔骨龙的后腿长而有力，可以快速奔跑，前肢有一定的抓握能力，手指上有3个尖锐的爪。

　　我们从化石上得知，腔骨龙就像今天非洲大草原上的猎豹一样，尾巴在快速奔跑时起平衡作用。但是因为腔骨龙的身高只有1米左右，所以古生物学家估计腔骨龙没有能力捕食比较大型的植食性恐龙，所以他们推测腔骨龙的主要食物应该是早期的似哺乳爬行类，当然还有昆虫。在某些特殊的情况下，它们会吞食自己的同类。

　　在幽灵特场发现的两具骨骸提供了腔骨龙嗜食同类的证据。在它们的遗骸中，体内有大量小腔骨龙的骨头。由于这些骨头过于凌乱，而且体积过大，不可能源自于胚胎，所以这些骨头属于在母腹中未出生的胎儿之说轻易被排除。

　　事实上，在自然界中嗜食同类的例子可谓屡见不鲜。通常发生的原因归诸于极端压力与食物来源匮乏。例如，在干旱期间，当水池逐渐干枯，鳄鱼被迫挤在狭小的空间时，它们就会开始嗜食同类。同样，当面临长期干旱的时候，腔骨龙也开始嗜食弱小同类。

腔骨龙骨头中空，因此体态轻盈，能用长长的后腿快速奔跑，是一种中小型食肉恐龙

切齿龙

家族档案

中文名称：切齿龙

拉丁文名：lncisiuosaurus

生存年代：早白垩世

化石产地：中国辽宁

体形特征：长2米

食性：植物

种类：兽脚类

释义：有似门齿结构的蜥蜴

切齿龙生存于早白垩世，是迄今为止发现的最原始的窃蛋龙类，其属名源自具有似门齿的颌前齿构造。

在切齿龙化石中看到，切齿龙具有一对颌前齿，类似于哺乳类啮齿类的门齿，以及伴生着小型、枪尖型的颊齿，有着大的咬嚼面。最引人注目的是它的那两颗大大的门齿。这两颗大门齿和老鼠用来啃东西的大门牙相似，同时，切齿龙其他位于面颊的牙齿也都具有类似人类臼齿的大型咀嚼面。

这些牙齿的特征，在兽脚类恐龙中还是首次发现，因此古生物学家推论，切齿龙应该是一种植食性

第一前颌齿，形似一些特化哺乳动物系谱的门齿的切齿龙

恐龙。它们的牙齿的作用可能是研磨植物，而不像一般肉食性恐龙的尖刃状牙齿用来切割肉类。过去也曾有古生物学家在兽脚类恐龙化石的胃里，发现植食性恐龙肚子里常见的胃石，从而怀疑肉食性恐龙家族里可能有植食成员。不过，头部及牙齿的特征才是更加有力的证据，这次直接从切齿龙的牙齿找到植食特征，总算为肉食性恐龙类群的植食行为提供了有力的直接证据。

但是肉食性恐龙家族里怎么会繁衍出植食性成员？这应该属于趋同进化。切齿龙会发展出植食性齿式，代表它的栖地和植食性动物相同，也显示兽脚足龙类的生态栖地比所认定的还要多姿多彩。

窃蛋龙

家族档案

中文名称：窃蛋龙

拉丁文名：Oviraptor

生存年代：晚白垩世

化石产地：蒙古

体形特征：长 1.8~2.5 米

食性：肉食，包括贝类

种类：兽脚类

释义：蛋贼

窃蛋龙是美国纽约自然历史博物馆所主导的第三次中央亚细亚考察队发现的，这个发现不仅为古生物学增加了一个新物种，而且还有一个永恒的诅咒。

让我们回到发现现场。在清理一窝恐龙蛋化石时，考察队的技师在化石旁边发现了分散着的肋骨碎片，还有些白色的骨骼，这是成型的关节，四肢与腿骨的一部分。考察队继续在这红色的岩石中深入挖掘，渐渐露出更大的骨骼，甚至还有一个破碎的头骨。这副骨骼非常奇怪，是人类所不知的恐龙，状似鸟类。当时美国自然石史博物馆著名的古生物学家奥斯本认为，它显然是在一次胆大妄为的偷窃活动中死亡的。可以想象，当原角龙返回自己窝的时候，发现窃蛋龙正在试图偷窃它的蛋。愤怒之下，原角龙一脚踩碎了窃贼的脑壳。因此，它的名字有如永远的诅咒。

生活在白垩世晚期的窃蛋龙骨骼化石

窃蛋龙长 1.8 ~ 2.5 米，重 25~35 千克，它每只手上长着 3 个手指，上面都有尖锐弯曲的爪子。第 1 个指比其他两指短许多。这个指就像个大拇指，可以向着其他两个指呈弧状弯曲，把猎物紧紧抓住。窃蛋龙行动敏捷迅速，凭借两条长长的后腿与腿上 3 个壮实的爪，可以高速奔跑。窃蛋龙口中没有牙齿，但它的喙强而有力，可以敲碎骨头。其体形如火鸡，并具有长长的尾巴。

绝大多数有图绘的恐龙书中，往往画出窃蛋龙利用喙敲碎蛋壳，进而吸食的形象，但是同样来自美国自然历史博物馆的古生物学家罗维尔于 1993 年在同一地点发现了更多窃蛋龙化石的身边也有类似的蛋，其中有一个蛋里还有窃蛋龙胚胎的细小骨头。由此可知，窃蛋龙绝对不是偷蛋被杀，而是为了保护自己的蛋，用它的长爪在呵护幼小的生命。他还认为窃蛋龙的食物主要是淡水中的蚌、蛤类，因为在湖泊边缘沉积中有更多的窃蛋龙被发现。至此，70 年的冤案终于昭雪，但按照命名法，这个名字诅咒还是要继续下去。

窃蛋龙的生蛋方式介于爬行类与鸟类之间。中国江西发现的化石是古生物学家首次在雌体恐龙体腔内发现两颗保存完整的带壳卵蛋，证实窃蛋龙所属的兽脚类恐龙拥有双输卵管的构造。现生的鳄鱼也有双输卵管，每条输卵管一次下多个蛋，雌鳄要花 3 个月才能让所有卵的壳形成。但窃蛋龙与鳄鱼不同的是，这两颗恐龙蛋已在子宫附近接近成形，几乎同时经由泄殖腔排出。这种每个输卵管每次生一颗成熟卵的方式，不同于鳄鱼每个输卵管每次同时生多颗蛋，反而比较像现生鸟类，仅有单输卵管，每次生育一颗蛋，依序、定时下蛋。

窃蛋龙下蛋后怎么办呢？是亲自孵蛋还是自然孵化？目前尚有争议。在蒙古发现的窃蛋龙骨骼就趴在一窝恐龙蛋上面，像许多现代鸟类的巢穴中那样，它身下的 22 颗蛋排列成一个圆形。只见窃蛋龙两条腿紧紧地蜷在身子的后部，与现代鸡孵蛋的姿势完全相同。此外，它的两只前肢伸向后侧方向，呈现出护卫窝巢的姿势。但最近该假说遭到挑战，新理论认为，窃蛋龙是蹲伏在预先建造的蛋巢中心，定期回到窝里，每次生出成对的蛋，并依 3、6、9 和 12 点钟的方位，排成多层环状序列，再用细砂覆盖，让炙热的白垩世阳光使其自然孵化。

禽 龙

家族档案

中文名称：禽龙

拉丁文名：lguanodon

生存年代：早白垩世

化石产地：比利时，英国，德国，北非，中国

体形特征：长 9～10 米

食性：植物

种类：鸟脚类

释义：鬣蜥的牙

　　1822 年 3 月的某天清晨，曼特尔的妻子玛丽安在房前小池塘边上休息，等待丈夫出诊回家。闲着无事，玛丽安开始仔细查看一堆当地矿工送来的石头。突然，她发现一块岩石的断面上有几个非常圆润光滑的小东西，在阳光下闪烁着黑亮的光芒。出于女性特有的敏感，她把这些化石小心翼翼地撬了出来，一种新的动物被发现了。

　　1825 年，曼特尔在一个博物馆里遇到了访问学者斯塔奇伯里。斯塔奇伯里在看了曼特尔带着的宝贝牙齿后说：

　　"咦，这和我正在研究的南美洲的鬣蜥的牙齿好像差不多啊。"一语惊醒梦中人，两者竟然如此相似!于是，曼特尔给自己发现的动物取名禽龙。从禽龙之后，人们才接受了在同一个地球上，曾经存在着比现生冷血、陆栖的蜥蜴，在尺度上有着如此巨大改变的怪兽的事实!

禽 龙

禽龙生存在早白垩世，是第 2 只正式命名的恐龙。它体长大约 9 ~ 10 米，体高约 5 米，体重约 4 ~ 5 吨，与一头大象的重量差不多。禽龙走路时常用四条腿，但有时也用两条后腿奔跑，而且能跑得很快。当被肉食性动物追捕时，它的时速能达到 35 千米。化石表明，幼年的禽龙前肢比成年龙要短小些，可能大都用后肢行走。成年龙多四肢着地，行动要缓慢得多。禽龙的尾巴僵直而侧扁，这有助于它们行动时保持身体的平衡。禽龙喜欢成群生活，因为出土的许多禽龙骨骼彼此距离很近，这证明它们过着群居生活。禽龙长有喙，上下颌的前部没有牙齿，在嘴的侧部有一些细小的牙齿。它后边的牙具很像鬣蜥，但要大得多，大约有 100 多颗。禽龙喜欢吃马尾草、蕨树和苏铁，它们的大部分时间可能都花费在寻找食物和咀嚼食物上。找到食物后，它用骨质的喙嘴咬下松针，再细嚼慢咽。

禽龙有 5 指：3 只中指、1 只锥状的拇指和 1 只灵巧的小指。它最出名的特征在于其尖锐、骨质的拇指爪——最早的复原曾经把它当成一个角。这个拇指可以在自卫时攻击天敌。以禽龙为代表的禽龙类的各种恐龙，如弯龙、无畏龙、穆塔布拉龙、康纳龙和原巴克龙，除南极外，在各洲都有发现。

禽龙还有一个很有趣的地方，那就是它牙齿替换的过程，其方式是，从偶数位后的牙齿开始，所有位于奇数位的牙齿依次被替换。在大多数情况下，替换波从后向前，因此，替换齿系中的牙齿从后向前逐渐变小。在整个禽龙类中，这样的牙齿替换过程可能是一种普遍现象。

青岛龙

家族档案

中文名称：青岛龙

拉丁文名：Tsintaosaurus
生存年代：晚白垩世
化石产地：中国山东
体形特征：长 8～10 米
食性：植物
种类：鸟脚类
释义：来自青岛的蜥蜴

青岛龙这种举世闻名的鸭嘴龙是根据一具几乎完整的骨架而命名的，它于 1951 年在青岛附近金刚口村被发现。

青岛龙最大的特征是其脑袋前方有一只长而中空的管棘垂直矗立。有人说这只管棘应向前倾斜，也有人说应向后倾斜，还有人说根本就不存在这只管棘。

至于这只管棘的作用，更是众说纷纭。它既不像武器，也不像其他有脊冠的鸭嘴龙那样能扩大自己的叫声。有的古生物学家认为这只管棘能起到中央神经系统冷却的功能，也有古生物学家指出这个管棘或许是一个移位了的（或者复原过程错误摆置的）鼻骨，被误放在头骨的前方垂直立起的位置。若果真如此，那么青岛龙可能就属于一只扁平脑袋的鸭嘴龙类了。

棘鼻青岛龙则是我国发现的最著名的有顶饰的鸭嘴龙化石

三角龙

家族档案

中文名称：三角龙

拉丁文名：Triceratops

生存年代：晚白垩世

化石产地：美洲

体形特征：长9米

食性：植物

种类：角龙类

释义：有三个角的脸

三角龙是白垩世后期数量众多且十分著名的植食性恐龙，它和暴龙在同一时期，生存于现今的北美洲大陆。当遭遇暴龙，三角龙就以自己强壮结实的体格与尖锐的三角来进行决斗。下面让我们看看三角龙几个显著特征以及最新的研究结果。

三角龙自豪地拥有3个角，有2个长在头顶，第3个角长在鼻子上，是用来保护自己的锋利长矛。有矛必有盾，三角龙居然完美结合了矛与盾，三角龙的颅后部延长成为巨大的颈盾，充当一面护体盾牌。值得一提的是，三角龙的颈盾是一体实心的，这与其他一些角龙类不同，比如开角龙，其颈盾是中空的，这显然不够坚固。三角龙的颈盾还有一个特征，它可能是华丽多彩的，可以在已经接近现代的自然环境中充当保护色，也可以用来作为孔雀尾般的求偶工具。矛与盾的结合使三角龙成为完善的攻防机器，但这也让其脑袋十分庞大，估计有将近315千克重。

三角龙还有一处重要特征，那就是特化的咀嚼构造。我们仔细观察三角龙的嘴部就会发现，三角龙的口鼻部已经进化为侧面紧缩的嘴，下

三角龙

颌悬于上颌之下。如此构造的口器能高效地切割坚硬的植物茎。

　　三角龙和暴龙的关系有点类似于如今非洲的狮子和野牛群，这是根据生物数量金字塔以及对现生植食肉食动物比例来推测的。当野牛群遭遇狮子的攻击时，它们会将老弱病残圈在中间，然后头朝外地围成一圈，组成一道铜墙铁壁。我们可以这样引申到三角龙群与暴龙的遭遇上，当然，这仅仅是推测。其实，就是暴龙攻击离群的三角龙也不是一碟小菜，三角龙受到攻击以后，它会被迫还击，低头显露出它那长矛一般的角，以6~12吨的体重、时速35千米的高速突击，绝对是暴龙承受不起的。

　　那么这种神奇的恐龙是谁发现的呢？在恐龙权威书籍或是年鉴上都是这样写的"1889年，马什"，但是我们不应该忘记赫琪尔（1861~1904），这位美国化石发现史上最著名的化石采集者之一。1888年，赫琪尔在怀俄明州发现了第一只角龙类化石——三角龙的头骨！只是因为他一直为马什工作，所以三角龙的发现者的光环才如此易主。

　　我们常常会忽略一个问题，就是三角龙的行走方式。在过去的电影

三角龙

和博物馆展览中，三角龙的两只前腿分得很开，看上去像蜥蜴那样。但是在 20 世纪六七十年代里，一些古生物学家曾经对此提出异议，认为真实的情况并非如此，三角龙的两只前腿应该更直立一些，它们之间的距离也应该小一些。

而近古生物学家终于对三角龙两只前腿张开的形状做了调整。美国史密森国家自然历史博物馆的古生物学家利用按照 1：6 的比例扩大的骨架模型反复研究关节之间怎样咬合，并利用橡胶带充当肌肉和肌腱组织，模拟各个关节的运动情况，并根据这些研究结果最终决定了前腿的角度姿势。

山东龙

家族档案

中文名称：山东龙

拉丁文名：Shantungosaurus

生存年代：晚白垩世

化石产地：中国山东

体形特征：长 12～15 米

食性：植物

种类：鸟脚类

释义：来自山东的蜥蜴

山东龙的模式标本总长约 14.72 米，是中国最大的鸟脚类恐龙，它具有一个颀长、低窄的脑袋，齿列总计有 60～63 个齿槽。一般而言，牙齿构造与埃德蒙顿龙极为近似。

山东龙发现于山东诸城化石点。诸城化石点位于诸城市西南 10 千米的龙骨涧，许久以来，当地居民就在溪涧之中捡到许多骨骼化石，他们习惯地称之为"龙骨"。这个地点在 1963 年被一个石油地质探勘队发现后，1964～1967 年间，由北京地质博物馆组队前往挖掘，总计采集到 30 多吨恐龙残骸。现在这个化石区域正进一步由诸城恐龙博物馆与中国科学院古脊椎动物与古人类研究所联合考察挖掘中。

山东龙

这里埋藏的恐龙化石种类繁多，门类齐全。有小巧的鹦鹉嘴龙、高大的鸭嘴龙、凶猛的暴龙、笨重的蜥脚类以及众多的恐龙蛋化石。龙骨涧附近，恐龙化石随处可见，有的裸露陡坡表面，有的混杂于沙石之中。因此这里被誉为中国北方的"恐龙之乡"。

食肉牛龙

家族档案

中文名称：食肉牛龙

拉丁文名：Carnotaurus

生存年代：晚白垩世
化石产地：南美洲
体形特征：长 7.5 米
食性：肉食
种类：兽脚类
释义：像食肉牛的蜥蜴

食肉牛龙是一个非常有名的兽脚亚目恐龙，它始终生活在南美洲大陆，其骨骼化石在南美的多处地点被发现，特别是在阿根廷巴塔哥尼亚发现的骨架非常完整，甚至有的化石还保存了皮肤的印痕，看上去其生前的皮肤鳞片应该是非常华丽。

作为占据当时南美生物圈食物链顶端的巨型掠食者，食肉牛龙长着一个巨大的脑袋，其眼睛上方还引人注目地长了一对突出的骨质的像牛角一样的东西。关于这样的装饰有什么用，长期以来，众说纷纭。现在流行的说法是，这些牛角物除了作为交配时恐吓对手的标志，也可能如现今植食动物那样为争夺交配权而进行撞角一类的竞争。此外，在抵抗强大的天敌时，这只角也是极为重要的武器。

食肉牛龙的头骨结构表明其头部肌肉发达，但是其颚及下颌骨则不

食肉牛龙又名牛龙，属於兽脚亚目阿贝力龙科，是一类中型的肉食性恐龙

如其他巨型肉食性恐龙类那样强而有力，有的古生物学家甚至认为这样的下颌不但无法与其他角鼻龙类争夺、厮杀，甚至连捕猎大型的植食性恐龙都比较困难。

此外，食肉牛龙虽有着血盆大口，但牙齿却细小而紧密，这一切都使得当今各国古生物学家对它的生活习性产生了很多的揣测。

不仅牙齿特殊，食肉牛龙的前肢也很奇怪，和它的身长比起来，前肢简直小得可怜，而且极不发达，甚至比暴龙的前肢更短，以至于看起来指爪似乎直接从肘部长出一般。但食肉牛龙那两条长而强壮的后腿使它比其他一些大型肉食性恐龙灵敏得多，它可以迅速扑向猎物，在猎物还没反应时就将它们抓获。

食肉牛龙的长长的脊柱像一根大梁挑起其下面的重量。从肩部排到臀部的长长的肋骨保护并支撑着食肉牛龙的内脏。

如果没有尾巴，食肉牛龙绝不会以高速运动。因为在运动时，食肉牛龙的那条长长的、矫健的尾巴起着至关重要的平衡作用。除此之外，这条尾巴还可以使食肉牛龙的头向前伸，以便更好地捕获挣扎中的猎物。

始暴龙

家族档案
中文名称：始暴龙
拉丁文名：Eotyrannus
生存年代：早白垩世
化石产地：英国
体形特征：长 4.5 米
食性：肉食
种类：兽脚类
释义：原始的残暴的蜥蜴

古生物学家在英国怀特岛的早白垩世地层发现了一种新的兽脚类恐龙，命名为"始暴龙"，这是一种生活在12亿～12.5亿年前的暴龙类，体长约4.5米。

根据已经发现的化石，包括额骨、牙齿、上颌骨及鼻骨等，足以证明这是过去未知的一种暴龙，而且是全新的发现。

其上颌骨有牙齿，横截面愈合，前肢细长，后肢支撑身体。从已发现的骨骼愈合程度看来，始暴龙是一亚成体。尽管始暴龙的身长比暴龙短得多，但颅骨、肩膀和四肢结构与暴龙类似，前肢比暴龙大。

最早一批化石于1997年在新港附近的布莱史东村山崖顶发现，之后

古生物学家加文 郎(gavin leng)在英国怀特岛白垩纪早期发现了一种新的兽脚类恐龙，被命名为蓝吉始暴龙

古生物学家花了4年时间挖掘，并对挖出的化石进行研究。古生物学家孟特指出，始暴龙是暴龙错综复杂的进化史上的重要一环。他说：

"这些化石填补了暴龙家谱的缺口，暴龙出现在大约6500万～7000万年前，而在那时，这些骨骸化石已有5500万年的历史。我们已追溯到暴龙的祖先。"

始暴龙提供了许多过去我们并不知道的有关暴龙早期进化的知识，也提供了许多有关欧洲恐龙多样性的知识。这种新发现的恐龙可能也是伶盗龙的近亲，伶盗龙的小脑袋、长而有力的前臂及锐利的爪子与始暴龙极为相似。

嗜鸟龙

家族档案

中文名称：嗜鸟龙

拉丁文名：Ornitholestes

生存年代：晚侏罗世

化石产地：美国怀俄明州

体形特征：长2米

食性：肉食

种类：兽脚类

释义：盗鸟的贼

在茂密的森林边缘，一只饥饿的嗜鸟龙正在寻找着食物。最有特点的是它身体上那些装饰性的鳞片，它的头后朝下和横贯肩膀的鳞片变得又长又窄，可以在必要的时候竖起来。这种技巧主要是用来使它在遭遇大型肉食性恐龙时显得可怕一些，也可用来威慑那些潜在的对手。

森林的边缘是个危险的地方，在那儿，更大的平原捕食者很容易发现它们。然而，嗜鸟龙却可以凭经验和嗅觉提前发现其他动物的到来。它沿着树干快速跑进阴影里面，藏起了它长着利爪的前肢，无声地等待着。

像小型的矮脚马那么大的嗜鸟龙，属于小型恐龙

突然，在一大块空旷的土地中间，盖在淤泥之上的薄薄的红杉林松针开始动了起来。刚开始，只是一小点，但是很快，好几个地方都颤动了起来。一些小动物，正奋力地从地下往外钻。最后，尖尖的部分和长在细脖子上的脑袋钻了出来，它们舒展开来，呼吸着新鲜的空气。这正是嗜鸟龙所期待的。嗜鸟龙的爪子突然伸了出来，抓住了猎物的脑袋。它猛地一拉，便把整个动物拖离了地面。

这是一只小梁龙，作为一个新生命，它褐色的身体和绿色的斑点上还粘着蛋膜，但是它为生存所做的斗争却已经结束了。嗜鸟龙一口就咬住了它的脖子，它根本就没有办法保护自己。

到目前为止，古生物学家只发现了一具完整的嗜鸟龙骨架。嗜鸟龙的身体可能还没有一只山羊大，但它的胃口却很大。一些小型的哺乳类、蜥蜴以及其他小型爬行类，甚至是孵育中的其他恐龙，都可能成为它的食物，因此是一种典型的肉食性恐龙。嗜鸟龙有一条很长的尾巴，与其他所有长尾巴的恐龙一样，这根尾巴能够在迅速奔跑或是追赶猎物时，起到平衡身体的作用。

当我们在抓握住某些东西时，我们的拇指会向内弯曲。而嗜鸟龙则可以使它的第 3 根小手指像人类的拇指那样，向内弯曲，以便帮助它抓握住扭动挣扎着的猎物。嗜鸟龙前肢上的其他两个手指特别长，很适合抓紧猎物。许多躲在岩缝中的蜥蜴、灌木丛中的小型哺乳类以及小恐龙，都逃不出它的魔掌。

尽管从名字上看，嗜鸟龙是以偷食鸟类为生的，但实际上，没有证据显示它曾真的捕食过鸟类，也不知道当初为什么取了嗜鸟龙这个名称。不过，由于牙齿又长又尖像把短剑，所以这点可以证明它是肉食性恐龙。

嗜鸟龙具有超常的视觉能力，可以帮助它辨认出奔跑或躲藏在蕨类植物及岩石下面的蜥蜴和小型哺乳类。一旦这些倒霉的动物被捉住，嗜鸟龙便会十分迅速地用自己锋利而弯曲的牙齿收拾掉它们。嗜鸟龙的体重相对较轻，但后脚则像鸵鸟一样强韧有力，而且还很长，所以跑得很快，能快速追捕猎物，也能逃避那些因巢穴被掠而狂怒的大恐龙。

沱江龙

家族档案

中文名称：沱江龙

拉丁文名：Tuojiangosaurus

生存年代：晚侏罗世

化石产地：中国四川

体形特征：长 7.5 米

食性：植物

种类：剑龙类

释义：献给沱江（长江的一条支流）

　　沱江龙与同时代生活在北美洲的剑龙有着极其密切的亲缘关系。沱江龙从脖子、背脊到尾部，生长着 15 对三角形的骨板，比剑龙的骨板还要尖利，其功能是用于防御来犯之敌。在短而强健的尾巴末端，还有两对向上扬起的钉状脊，沱江龙可以用尾巴猛击所有敢于靠近的肉食性恐龙。

　　沱江龙可能生活在茂密的丛林之

从脖子、背脊到尾部，生长着 15 对三角形的背板的沱江龙化石

中，这样既便于取食，又便于隐蔽自己。虽然它几乎全身披甲，但那些凶猛的肉食性恐龙仍是沱江龙的天敌。沱江龙主要取食低矮植物的枝叶，由于它的牙齿十分纤弱，不能充分地咀嚼那些粗糙的食物，因此它们会在吃植物时一起吞咽下一些石块作为胃石，这些石块可在胃中帮助将食物捣碎。

尾羽龙

家族档案

中文名称：尾羽龙

拉丁文名：Caudiptetyx

生存年代：早白垩世

化石产地：中国辽宁

体形特征：长 70～90 厘米

食性：肉食

种类：兽脚类

释义：尾巴有羽毛的鸟

尾羽龙是一个非常重要的发现，最初被误判为鸟类，但最后被确认为恐龙。尾羽龙和此前发现的原始祖鸟大小相仿，甚至化石保存的姿态都非常相似，但是它们代表两类不同的恐龙。

尾羽龙长着短且高的脑袋，嘴巴里除了喙部最前端的几颗形态奇特向前方伸展的牙齿外，几乎看不见其他牙齿。它的前肢非常小，尾巴也很短，不过脖子却很长。在它的胃部，还保留着一堆小石子，这就是现代鸟类胃中常有的胃石，用于磨碎和消化食物。

最为激动人心的是，在尾羽龙的尾巴顶端长着一束扇形排列的尾羽，在它的前肢上也长着一排羽毛。这些羽毛具有明显的羽轴，也发育有羽片，总体形态和现代羽毛非常相似。唯一的区别在于它的羽片是对称分布的，而包括始祖鸟在内的鸟类的羽毛则具有非对称分布的羽片。一般认为，非对称的羽毛具有飞行功能。尾羽龙对称的羽毛可能代表羽毛演化相对原始的阶段。

和此前发现的原始祖鸟大小相仿的尾羽龙

实际上，尾羽龙的骨骼形态要比始祖鸟原始，是一种奔跑型动物，还不会飞行。最新研究表明，尾羽龙和兽脚类恐龙当中的窃蛋龙类非常近似，可能代表一种原始的窃蛋龙类。窃蛋龙类常见于亚洲和北美白垩世，是历史上非常有名的一类恐龙。尾羽龙的发现提醒我们窃蛋龙类发育有真正的羽毛。最近古生物学家们在蒙古发现了长有尾综骨的窃蛋龙类，尾综骨的主要功能是固着尾羽。这一发现暗示，所有的窃蛋龙都长有尾羽。

原始祖鸟和尾羽龙的发现在生物史上第一次把羽毛的分布范围扩大到鸟类之外，表明羽毛发生在鸟类出现之前，羽毛不能再作为鉴定鸟类的特征。以后如果我们发现长羽毛的动物化石，必须仔细观察它的骨骼形态，才能确定它属于鸟类还是恐龙，因为，长羽毛的未必是鸟类，它有可能是一个长着羽毛的兽脚类恐龙！

蜥鸟龙

家族档案

中文名称：蜥鸟龙

拉丁文名：Saurornithoides

生存年代：晚白垩世

化石产地：蒙古，塔吉克斯坦

体形特征：长 2~3.5 米

食性：杂食

种类：兽脚类

释义：像鸟、像蜥蜴

蜥鸟龙出现得很晚，可以说刚好赶上恐龙时代的末班车。它全长约2~3.5 米，臀部高 0.8 米，双眼很大，目光敏锐，双腿细长，前肢短，奔跑时前臂紧贴在胸部两侧，整个体形、体态很像现在的鸸鹋。蜥鸟龙

蜥鸟龙前肢很小，没有牙齿，长 2 米，又称之为蜥鸟龙

那长长的富有肌肉的双腿，为其行动提供了速度和敏捷力，这个疾速奔跑的本领，能甩掉所有想追逐它的天敌。

尽管属于肉食性但蜥鸟龙可进食的食物种类范围很广，它可能是一种无所不吃的恐龙，这意味着它既食肉，也食植物。蜥鸟龙能用它长长的胳膊和带爪的手扯断松枝，取到最上等的嫩枝、花蕾和浆果。凭一双锐利的眼睛和快速奔跑的能力，蜥鸟龙还可以追上小小的蜥蜴或者抓住空中飞着的昆虫。它把这些猎物填入它那张长着角质喙的尖嘴中，并将其囫囵吞下。有时，它也吃其他恐龙的蛋。

小盗龙

家族档案

中文名称：小盗龙

拉丁文名：Microraptor

生存年代：早白垩世

化石产地：中国辽宁

体形特征：长 0.77 米

食性：肉食

种类：兽脚类

释义：小盗贼

小盗龙生活在距今大约 1.3 亿年之前的早白垩世，它身长不到 1 米，四肢和尾巴都覆盖着羽毛。古生物学家推测，它们利用四肢覆盖的羽毛，可以从一棵树飞行到另外一棵树——这有点类似于今天鼯鼠的"飞行"方式。

很难想象一个拥有 4 只翅膀的恐龙如何在奔跑的同时拍动翅膀，这种恐龙是鸟类起源的重要证据之一。它至少是鸟类的一种祖先类型，它

是世界上已知体型最娇小、非鸟类之兽足类恐龙的小盗龙

用 4 个翅膀滑翔，后来其后肢翅膀退化，并学会了拍动前肢，于是变成后来的鸟类。

80 多年以前，古生物学家提出了一种假说，认为鸟类进化包括了一个四翼阶段，但是直到小盗龙发现之前，还没有任何化石证据。所以小盗龙的发现是非常令人振奋的！

那么，树栖性小盗龙在日常的滑翔中，是如何使用它的 4 只翅膀呢？前翼自然不必多说，与现生的绝大多数鸟类一样。这样，所有的悬念便集中在后翼上。一部分古生物学家认为小盗龙采用了前后翼同时或者交替拍打的飞行方式，后翼能够很好地控制飞行的方向；另一部分古生物学家则认为小盗龙的后翼无法拍翅飞行，因为它后肢的羽毛是长在胫骨一侧，所以这个后翼不能拍打，只能滑翔。

此外，古生物学家从空气动力学角度看小盗龙，断定它的后翼在滑翔中用处不大，更大的作用应该体现在调节体温或装饰上，因为浓密的羽毛可以保暖，花纹可能作为生活在丛林中的保护纹或保护色。

　　但实情并非这么简单。直到最近，古生物学家才认识到后翼可能还有更重要的用途。在 2005 年 10 月 16 日，在盐湖城举行的美国地质学会年会上，得克萨斯州科技大学的古生物学家加特尔吉与航空学工程师泰姆林提出了一个新的理论，其论文刊登在《美国地质学会会议文摘和议程》秋季版上。

　　加特尔吉指出，小盗龙各根长羽的前缘比后缘狭窄，这样形成的流线型有助于更好地飞行。其腓骨上的羽柄（羽轴下段半透明的部分）深插入皮肤中，垂直于体背，这可在捕杀猎物的时候起到减速刹车的作用。而小盗龙每个羽支向两侧发出许多羽小支，一侧的羽小支上生有小钩，一侧的羽小支上有槽，使相邻的羽小支互相勾结，形成结构紧密而具有弹性的羽片，这能有效阻止飞行中气流对其身体的影响。

　　有了如此精良的羽毛，小盗龙的后翼就不再沉默，它完全可以有效地控制飞行。泰姆林指出，在滑翔中，小盗龙的后翼呈 Z 型横（侧）排列，在前翼下方起稳定作用，这个构造活像一架双翼机。那么，双翼构造有什么优势呢？首先是机动性要比单翼构造好，因为双翼的翼面积大，在同样的飞行条件下，它产生的升力比单翼要大得多，其盘旋和爬高性能也要优于单翼。所以小盗龙很聪明地采用了这种构造，这比莱特兄弟的"飞行者" 1 号还要早 1.2 亿年。哦，不，应该是早了 120001903 年。

　　为了更好地检验这个构造，泰姆林以计算机模型分析小盗龙翅膀的配置，模型的数据是：重量 =0.95 千克，翼距 =0.94 米，长宽比 =6.7，总翼区域 =0.13 平方米，翼载（满载重量和机翼面积的比值）=70.6 牛顿 / 平方米。其结论是使用了双翼构造的小盗龙在树林间滑翔有着更好的机动性，比如升空和降落时没有必要拍动翅膀，这样可以节约能量的消耗。

　　但随着飞行速度的不断提升，双翼构造会使空气对身体的阻力剧增，反而变成一大缺点，所以由双翼向单翼变革就势在必行了。所谓的单翼构造，可以在孔子鸟等古鸟身上看到。但这并不是孔子鸟为了高速飞行而舍弃了机动性，而是孔子鸟的身体构造已经比小盗龙更加适应飞行，比如更发达的前肢，与现生鸟类无异的尾巴等，这都可以为飞行提供更大的动力。

鸭嘴龙

家族档案

中文名称：鸭嘴龙

拉丁文名：Hadroaurus

生存年代：晚白垩世

化石产地：美国新泽西州

体形特征：长 7～10 米

食性：植物

种类：鸟脚类

释义：嘴巴像鸭子的蜥蜴

　　鸭嘴龙长 10 米左右，以植物为食。它的头骨较高，一双大大的眼睛长在脸颊两侧，与马、牛的眼睛相似。由于眼睛能够向上移动，而且还有比较大的视神经，所以鸭嘴龙的视力很好，能够对肉食性恐龙保持高度的戒备。鸭嘴龙的喙部由于前上颌骨和前齿骨的延伸和横向扩展，构成了宽阔的鸭状吻端，所以被称为"鸭嘴龙"。

　　讲到鸭嘴龙的特征，它的名字已经告诉我们它有一个扁平的类似鸭嘴的嘴巴。扁平的嘴巴里面密密麻麻地排满了 2000 颗菱形的牙齿（大概是已发现恐龙中拥有最多牙齿的品种）。除了数目惊人，这些牙齿还有另外一个特征，它们还是倾斜的，且互相重叠，齿上有洗衣板一样的磨蚀面，旧的牙磨光了，新的又长出来补充。而且鸭嘴龙上下颌的牙齿可以交错咬动，再加上发达的关节系统和强壮的肌肉，能自由地推动上下颌的运动，所以这些牙齿能够把坚韧的植物纤维切断并磨成糊状，可见它们是非常有效率的进食机器。

和较早期的植食性恐龙比较，这种牙齿排列方法增加了磨碎食物的效率。植物利用本身结构的转变，适应了由温暖潮湿的侏罗世过渡到较干旱的白垩世的变化。而植食性恐龙则随着食物的变化而不断进化。鸭嘴龙在食物处理机制上的进步增加了适应环境的能力，令它们成为白垩世最成功的植食性恐龙之一。

鸭嘴龙的行动方式在发现之初就引起了不少古生物学家的注意。最初，古生物学家在拼凑化石骨头的时候，把它们复原为用2只脚行走的动物。后来，化石证据证明它们既可以用2只脚行走，也可以用4只脚行走。在利用两只脚行走的时候，尾巴有助保持平衡。

博物馆展出的鸭嘴龙化石，一类较大型的鸟臀类恐龙，最大的有15米多长，是白垩世后期鸟盘目 草食性恐龙家族的一员

鸭嘴龙的后肢很强壮，可以快速地逃避肉食性恐龙的追捕，与它同时间生活的有不少巨型肉食性恐龙，例如著名的暴龙。以体形来看，鸭嘴龙算是中型的植食性恐龙。

有意思的是，最初，古生物学家认为鸭嘴龙是在水中生活，但现在已经推翻这一理论，鸭嘴龙并没有生活在水中，最多就是在遭受暴龙的攻击时，才会偶尔游行于水中逃脱。

鸭嘴龙的家族观念很强，成年恐龙会很好地保护它们的巢穴，并给幼龙喂食，直到它们长到能够自己出去觅食为止。

鸭嘴龙是鸟脚类恐龙最进步的一大类。在亚洲及北美洲等地，晚白垩世的鸭嘴龙化石到处都有发现。

鸭嘴龙类可分为两大类群：一是头顶光平、头骨构造正常的平头类；另一类是头上有各种形状的脊冠或棒型凸起，鼻骨或额骨变化较多的栉龙类，如副栉龙。除此以外，还有变化不大、较原始的鸭嘴龙及前颌骨

鸭嘴龙

和鼻骨特化成盔状的鸭嘴龙。

异齿龙

家族档案

中文名称：**异齿龙**

拉丁文名：**Hterodontosaurus**

生存年代：**早侏罗世**

化石产地：**南非**

体形特征：**长 1.2～1.5 米**

食性：**杂食**

种类：**鸟脚类**

释义：**生有不同类型牙齿的蜥蜴**

异齿龙是鸟脚类恐龙的早期代表之一。从早侏罗世开始，以异齿龙为代表的鸟脚类恐龙迅速发展起来，在下一个纪元，它们成为恐龙大家族中最为多姿多彩的分支。

早侏罗世的非洲大陆，干涸的河床冲积物上，稀疏地生长着一些耐旱植物，异齿龙便自由自在地生活在这里。

顾名思义，异齿龙口中的牙齿生得与众不同，它的口中生有门牙、犬齿、臼齿三种牙齿，与哺乳类相似。生长在嘴前部的锋利的门牙，能咬断松枝松针，也能配合前肢掘出并且撕裂植物地下的根茎。

吃东西时，它就用这些牙齿把松针逐一撕下来，集中在嘴部两侧；生在嘴两侧的颊齿，其齿冠边缘具有小凸起，这些牙齿担负着咀嚼、磨碎粗糙的植物的任务。当嘴里装满了食物的时候，就利用这些牙齿一起咀嚼，咀嚼时的样子可能与现代的牛羊进食很相似，都是下颌微微向后错动；而那些长而尖利类似犬齿的獠牙，可能只有雄性才有，应该是一

异齿龙

种防御武器。当与进犯的肉食性动物短兵相接时，作为撕咬、反击对方的有力武器。

异齿龙头部之后的身体骨骼都是典型的鸟臀类恐龙构造，腰带也不例外，耻骨与坐骨平行并相连接。

异齿龙的脖子、前肢都生得非常短，手指粗大而灵活，第Ⅳ、第Ⅴ根手指很短，但前3指长而灵活，并且有爪子，因而它能够从地下挖掘一些营养多汁的植物根，有时它还会挖蚁巢，抓蚁类来吃。与前肢相比，异齿龙的后肢相对稍长些，后肢的小腿骨、胫骨和腓骨已经愈合，这种愈合使它的卜肢和踝关节部位非常稳定；加上背部的肌腱骨化，使躯干脊柱也变得非常牢固。

异齿龙生有长长的尾巴，平时，异齿龙四肢着地寻觅食物，偶尔会两足直立，但在遇到天敌时，它会用两足飞奔，此时的长尾巴起着平衡身体的作用。

隐　龙

家族档案

中文名称：隐龙

拉丁文名：Yinlong

生存年代：晚侏罗世

化石产地：中国新疆

体形特征：长 1.2 米

食性：植物

种类：角龙类

释义：隐龙

隐龙发现在中国西部的新疆准噶尔地区，时代为晚侏罗世，跟早前发表的最古老暴龙类——冠龙发现于一个地层。此次发现的恐龙比之前

隐龙化石

已知最古老的角龙类早了 2000 万年。

此前，古生物学家一直认为肿头龙类和角龙类是有亲缘关系的 2 个特化恐龙群体，而隐龙具有这 2 个类群的特征，而且还具备了更早分家的异齿龙类的特征，显示了一种原始的变异形式，对了解角龙类和肿头龙类进化过程有重要意义。

本次发现的隐龙标本非常完整，被鉴定为一未成年个体，身长约 1.2 米。从发现的标本来看，隐龙头上没有角，头盖骨背面上比较特殊，有角龙类的扩大化趋势。其他的特征包括粗糙表面的上下颌骨和相对较短的前肢，估计隐龙是双足行走的动物，这一点和其他小型鸟脚类恐龙相同，是证明角龙类进化自小型双足行走恐龙的证据。

鹦鹉嘴龙

家族档案

中文名称：鹦鹉嘴龙

拉丁文名：Psittcosaurus

生存年代：早白垩世

化石产地：中国，蒙古，西伯利亚，泰国

体形特征：长 1.8 米

食性：植物

种类：角龙类

释义：鹦鹉嘴的蜥蜴

鹦鹉嘴龙长 1.8 米，高约 1 米，是一种很可爱的小型恐龙，因生有一张鹦鹉嘴而得名。这种恐龙分布的地理空间辽阔，主要集中在早白垩世的西伯利亚南区至蒙古及中国北方的地带。

最早发掘到的鹦鹉嘴龙是在蒙古南部戈壁沙漠。1922 年，美国纽约

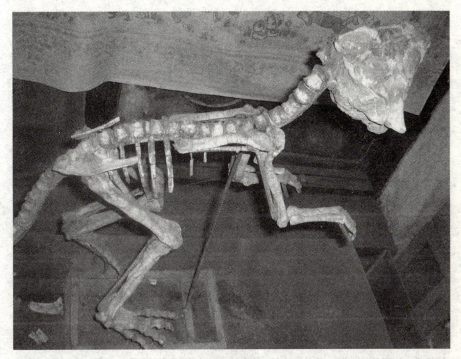

鹦鹉嘴龙

自然历史博物馆的安德鲁斯带领的第三次中央亚细亚考察队在考察过程中采集到不少鹦鹉嘴龙与鹦鹉嘴龙蛋。这个地层经常发掘到恐龙伴随着翼龙类出现，年代被普遍认为是早白垩世，形成了在亚洲独特的动物群，被命名为鹦鹉嘴——翼龙动物群。

我们介绍鹦鹉嘴龙要先从它这张"鸟嘴"说起。它的上颌下颌每侧各有7~9颗三叶状颊齿，牙齿质地光滑。最引人注目的是它那角质的巨喙，其形态和功能与鹦鹉的喙部极为相似，因而得名，巨喙能帮助它咬断和切碎植物的叶梗甚至坚果。

巨喙的巨大咬力超乎古生物学家的想象，我们参照一下现代的爬行类——鹰嘴龟。鹰嘴龟属平胸龟科中的一种，主要生活在东南亚地区，其头不能缩回甲壳，嘴巴外层是坚硬的角质，上颌尖而弯曲，挺像鹦鹉嘴龙的巨喙。鹰嘴龟的咬力巨大，巴掌大的鹰嘴龟一口能咬断一双一次陆竹筷!放大到近 2 米的鹦鹉嘴龙，其咬力就更加惊人了。到底是什么原因使喙嘴如此发达？答案是由于鹦鹉嘴龙头盖骨背后四周有骨脊，固定着强有力的颚肌，才使它的喙嘴能用力地咬噬!

白垩世的原角龙、三角龙等角龙类恐龙都具有一张类似鹦鹉嘴龙的喙，古生物学家根据它的体形及生存年代来推断，认为鹦鹉嘴龙可能是大部分角龙类恐龙的祖先。而鹦鹉嘴龙本身并未发展出角龙独特的角及骨质颈盾用以护卫，估计受到袭击时只能逃躲以避难。但当大量的肉食性恐龙出现后，因不适应环境而趋于灭绝，它存在了约 400 万年。按恐龙的自然历史而言，鹦鹉龙由出现至绝种所经历的时间并不长，但它的近亲则继续生存下来，并与其他恐龙共同称霸于地球的陆地上，直至白垩世结束为止。

鹦鹉嘴龙还是 2002 年一宗著名走私案中的主角，其拥有者乃法兰克福自然历史博物馆。该博物馆严重违反国际惯例，斥资 20 万美元收购由中国走私的鹦鹉嘴龙化石。这具化石珍贵的地方在于这具鹦鹉嘴龙尾巴上长有一簇像毛发一样的丝状物质，如果能证明是毛，那么大多数恐龙可能都具有上述特征，这将改变人类对整个恐龙世界的认识!后来，曾经看过这具化石的中国古生物学家称，该簇丝状物质不是毛，而是植物。

永川龙

家族档案

中文名称：永川龙

拉丁文名：Yangchuanosaurus

生存年代：晚侏罗世

化石产地：中国重庆

体形特征：长 10~11 米

食性：肉食

种类：兽脚类

释义：来自永川的蜥蜴

永川龙是一种生活于晚侏罗世的大型肉食性恐龙，因其标本首先在重庆永川县发现而得名。永川龙长有一个近 1 米长的、略呈三角形的大脑袋，两侧有六对大孔，其中一对是眼孔，表明它的视力极佳。其他孔是附着于头部用于撕咬和咀嚼的强大肌肉群，永川龙嘴里长满了一排排锋利的牙齿，就像一把把匕首。永川龙的尾巴很长，奔跑时可以作为平衡器用。它的前肢很灵活，指上长着又弯又尖的利爪，后肢又长又粗壮，生有 3 趾，像今天的涉禽（涉禽是指那些适应在沼泽和水边生活的鸟类）那样用 3 趾着地，奔跑非常快速。有这样的后肢，永川龙可以快速奔跑追捕猎物。

作为一种大型的肉食性动物，永川龙可能与今天的虎豹一样，性格冷僻，喜欢单独活动。一些性情温和的植食性恐龙常常是永川龙猎捕的

一种大型食肉恐龙。全长约 10 米，站立时高 4 米，有一个又大又高的头，略呈三角形的永川龙

对象，一旦被永川龙盯上，就很难摆脱。因此，这些植食性恐龙总是时刻警惕着，一旦有什么风吹草动或是嗅到了永川龙的气味，就会以最快的速度逃离。

第一具上游永川龙的骨架是1976年在建构上游水库时，一位建设工人在永川县上部沙溪庙组地层的砂岩中发掘的。出土时仅缺失前肢及部分尾椎，是中国迄今所知最完整的大型兽脚类恐龙。上游永川龙体长大约7米，头骨长82厘米，高50厘米。其复原的骨架放置在重庆自然博物馆的展示厅中。

原角龙

原角龙是生活在东亚地区的一类原始的角龙，个体较小，体长不及3米，高不到1米，四肢短小，身躯肥胖，尾较长，占体长的一半。原角龙用四足走路，长着4只大脚，指（趾）端有蹄状爪，适于在陆地上活动。它有一张喙嘴，很像鹦鹉嘴龙，但要大一些。原角龙头上还没有进化出角，只是在鼻骨上有个小小的凸起，但其颈部的骨板已经变得很大，形成颈盾，像披风似的遮盖到肩部。

起初，古生物学家对原角龙颈盾的作用无法理解。后来，经过仔细的解剖分析，古生物学家发现，这种骨质褶边的作用主要是为了附着从头骨后部联到下颌上强大的肌肉组织的。这组肌肉叫做颞肌，功能是带动下颌运动完成咬噬和咀嚼作用。因此可以推测，原角龙以及后来出现的各种角龙类动物具有比其他植食性恐龙强大得多的咀嚼能力，显然是对环境中纤维粗糙的植物比例增大的一种适应。此外，原角龙的颈盾还可以作为支配头部运动的强大的颈部肌肉的附着点。当然，颈盾的存在也保护了受到肉食性恐龙进攻时脆弱的脖子，因此它也是一种保护器官。

脑袋和躯干都很大。它的喙长得像鸟的一样，嘴的前部没有牙，但在嘴里两侧长着牙的原角龙

中国的原角龙化石极为丰富。近年来，先后在内蒙古地区发现了几十个大小不等的头骨化石和200多个骨架化石，包括了从幼年到老年的不同发育阶段的个体。这对研究恐龙的个体发育是一批极为珍贵的材料。内蒙古地区因此成为除蒙古人民共和国以外，在世界上第2个最有影响的原角龙化石产地，这些化石提供了它们如何生活的众多信息。古生物学家曾发现过一个原角龙的墓地，里面有从成年到幼体的许多骨架化石，说明原角龙是一种以家族为群体生活的动物。

与原角龙一同出土的巢、蛋及小恐龙，首次清楚透露出恐龙社会里的家庭生活：原角龙妈妈在沙地上挖好浅坑，然后在坑内产下一窝修长、硬壳的蛋，接着把沙覆盖在巢上，以太阳光散发的热量孵化它们，并在旁护卫着以避免伶盗龙的侵袭。

原角龙的蛋和蜥蜴蛋相似，呈长椭圆形，一端较大，另一端较小，而蛋壳是钙质的，表面粗糙，有细小而曲折的条状饰纹。

中国猎龙

家族档案

中文名称：中国猎龙

拉丁文名：Sinovenator

生存年代：早白垩世

化石产地：中国辽宁

体形特征：长约 1 米

食性：肉食

种类：兽脚类

释义：中国的猎手

中国猎龙生活在大约 13 亿年前，它体长不足 1 米，嘴里长着细小的牙齿，脑颅膨大，前肢能够像鸟翅膀一样侧向伸展，后肢修长，具有很强的奔跑能力。

中国猎龙分类上属于兽脚类恐龙中的伤齿龙类，这是一类非常奇特的恐龙。

2001 年的 6～7 月间，中国科学院古脊椎动物与古人类研究所的考察队在辽宁省北票市上园镇发掘出了一批与众不同的恐龙骨骼化石。其中的两具标本令古生物学家尤为惊喜，其中一块保留了相对完整的头骨构造和不太完整的头后骨构造，另一块则恰好保留了完整的头后骨构造。

后来，这两具标本由徐星、汪筱林，美国纽约自然博物馆诺雷尔和芝加哥费氏博物馆马可威奇以及加拿大国立博物馆吴肖春组成的团队共同研究，他们将化石命名为"中国猎龙"。长期以来古生物学家对这类恐龙的系统位置存在很多争议。中国猎龙是这一类群中最原始的属种，它具有过渡色彩的形态正是古生物学家长期以来所寻求的，中国猎龙代表

在我国的"恐龙之乡"辽西发现了中国猎龙

连接这一类群和其他恐龙类群的缺失环节。中国猎龙的发现表明，这类恐龙在系统进化上代表和鸟类最为接近的恐龙类群之一。中国猎龙的脑颅结构和始祖鸟非常相像，而且其膨大的脑颅表明它具有很高的智力水平，能够适应复杂的环境。

古生物学家分析了中国猎龙和发现于世界各地的多种恐龙的形态特征，在对这些恐龙的 200 多个形态特征进行分析之后，发现传统上被认为的鸟类特征在许多恐龙当中都已存在。

他们提出的新的特征分布模式表明，鸟类的主要形态变化在恐龙向鸟类进化过程中很早就已完成。此前带羽毛恐龙的发现表明羽毛出现在鸟类起源之前，中国猎龙的研究则表明，鸟类翅膀的形成和为适应飞行而产生的呼吸系统的转变也在恐龙向鸟类进化的较早的阶段已经完成。

中华龙鸟

家族档案

中文名称：中华龙鸟

拉丁文名：Sinosauropteryx
生存年代：早白垩世
化石产地：中国辽宁
体形特征：长 1.3 米
食性：肉食
种类：兽脚类
释义：来自中国的像恐龙的鸟

1996 年,中国辽西热河生物群传出一个爆炸性的发现，世界上第一只长有绒状细毛（纤维状皮肤衍生物）的恐龙被发现了!这种恐龙前肢短小，后肢长而粗壮；嘴里的锐利牙齿说明它是一只活跃的掠食者。除了长毛以外，它还有一条由多达 58 枚尾椎骨所组成的特长尾巴。

说到这种奇特的恐龙，就不得不说到那段跌宕起伏的故事——著名的"龙鸟之争"。

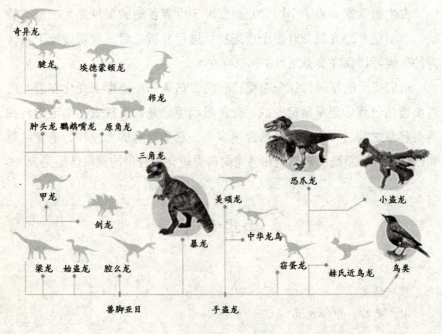

1995 年，北票市上园镇四合屯村的李荫芳在农闲时劈到了一块有点像雄鸡的化石，分正负板两块。颇有经济头脑的李荫芳用锦盒把两块化石分开包好，到了次年夏天农闲时背着化石南下。

他先找到了中国科学院南京地质古生物研究所，研究所的古生物学家以为是一个普通的小恐龙，在征集后收入仓库，并对他说，去年已经有位名叫李成民的人送来过一个非常类似的化石。

李荫芳不免有些失望，于是他把化石的负板带到北京，找到了中国地质科学院地质研究所的季强。

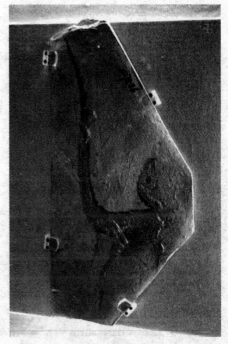

中华龙鸟化石

季强打开沉甸甸的锦盒，一块大约 70 厘米长、50 厘米宽的化石展现在眼前，一圈乌黑的毛状物使季强激动不已，这就是原始羽毛？这就是由恐龙向鸟演变的过渡性生物？良机难得，季强当即代表单位，以 6000 元人民币的奖金征集了这块标本。研究后命名为“原始中华龙鸟”，他认为化石上面的结构是原始的羽毛，这种动物则已经可以划入鸟类的范围，是最原始的尚不会飞行的鸟类，是恐龙向鸟类进化的过渡类型。

如此重大发现，媒体开始大规模炒作。南京地质古生物研究所亦为这样一个重大科学发现与自己失之交臂而懊悔不已。其实在 1996 年 5 月，该所的陈丕基就已约请北京古脊椎动物与古人类研究所的恐龙古生物学家董枝明一起研究李成民送来的化石，这才是真正的第一件中华龙鸟。可惜董枝明当时正在蒙古进行考察从而错过了这次机会。但他们都认为中华龙鸟不是鸟，而是恐龙。

是鸟？是龙？一时间争论迭起，最后中国的古生物学家邀请了由奥斯特罗姆等外国著名古生物学家组成的"费城梦之队"于1997年3月来华考察化石，共同研究。经研究，外国古生物学家一致认为中华龙鸟属于恐龙，其"毛"状结构是一种皮肤衍生物，并不具备羽毛的构造。1998年，陈丕基、董枝明和甄朔南在《自然》杂志上对该化石进行了详细研究和修订，表明了中华龙鸟属于美颌龙类。"龙鸟之争"到此告一段落。

重　龙

家族档案

中文名称：重龙

拉丁文名：Barosaurus

生存年代：晚侏罗世

化石产地：美国南达科他州，坦桑尼亚

体形特征：长20～27米

食性：植物

种类：蜥脚类

释义：重型的蜥蜴

重龙是一种生活在晚侏罗世的大型植食性恐龙。它与近亲梁龙很像，两者的身躯都很长，站立时身体的最高点也都在臀部，但两者颈部和尾巴的比例不同，重龙的尾巴在比例上较短，由细长的颈部来平衡身体，其颈部由肩膀伸出达9米之长，使得它可能是北美洲最高的恐龙之一。

和梁龙一样，重龙也很难以树尖的松针为食物，而是大把扫掉地面上的植物。古生物学家计算过，如果重龙要像长颈鹿那样，抬头食用树尖上的松针，为了将血液送上脑部，那需要一个极为强劲的硕大的心脏

身材巨大、脖子长长的重龙,还长着一条很长的尾巴

才做得到,而且心脏愈大,心跳就会愈慢,慢到血液还没有送上颈部就开始往回流。

重龙过着群居生活,这也有助于它们抵御追捕者的进攻。像蜥脚类家族的大多数成员一样,重龙的前脚内趾上也长着大而弯的爪,以此作为武器。虽然重龙的尾巴相较于梁龙的尾巴短了些,但摆动起来仍有很大的威力,可用做防御天敌的武器。即使这样,在生存竞争激烈的年代,凶狠强悍的肉食性恐龙仍不时地威胁着重龙的生命安全。其中,以凶悍著称的异特龙就是重龙最大的天敌。在几番激烈的较量之后,重龙往往都会成为异特龙口中的美食。

第三章　恐龙化石大发现

奇异的恐龙化石

一些恐龙死后，其尸体在岩石中得以保存。通过研究它们的尸体，即众所周知的化石，古生物学家们可以得到关于它们的大量信息，尽管它们早在几千万年前就已经灭绝了。

被埋藏的尸骨

动物尸体变成化石的情况非常罕见，它们通常会被吃掉，骨骼也会被其他动物弄散。但因为地球上曾经生活着数百万只恐龙，所以我们能够发现大量的恐龙化石。大多数化石是在动物死于水中或靠近水边的情况下形成的：尸体会被泥沙掩埋，成为沉积物。

变成化石

经过几百万年的演变，覆在动物尸体上的沉积物逐渐分层。每一层都会对下层施加很大的压力，致使沉积物慢慢地转变成岩石。岩石里的化学物质会从动物的骨头和牙齿的小孔里渗进去。这些化学物质以极其缓慢的速度逐渐变硬，于是动物骨骼就变成了化石。变成化石的动物身体的坚硬部分，比如牙齿和骨头等、被称为遗体化石。

大量保存下来的恐龙蛋化石

遗迹化石

古生物学家们还发现了变成化石的恐龙足迹、带有牙齿咬痕的叶子，甚至还有恐龙的粪便。这些化石被称为遗迹化石，因为它们是恐龙生活留下的痕迹。遗迹化石和遗体化石有不同的形成方式。例如，

足迹在动物踏过软泥地时形成，经过几万年之后硬化成岩石，于是动物的足迹就被保存了下来。

恐龙木乃伊

极少数恐龙被发现时连肉体也完整保存。这样的情况只有在恐龙的尸体在高温、干燥的条件下被快速烘干的时候才会发生。这个过程就是众所周知的"木乃伊化"。

化石里的信息

研究化石的人被称为古生物学家。他们利用遗体化石来推测恐龙的外形和大小，利用足迹化石来寻找恐龙生活的线索。例如，许多相似的足迹在同一处被发现，表明该种恐龙可能是群居的。

恐龙化石

变成化石的恐龙粪便被称为"粪化石"，它能向我们说明恐龙的食性。草食恐龙的粪化石中含有大量的植物纤维，而肉食恐龙的粪化石中包含着许多骨头碎片。

寻找恐龙化石

有时候人们会在不经意间发现恐龙化石，但更多的化石则是由古生物学家们在有计划的考察中发现的。这些考察活动常常需要持续数年，并在险恶的条件下深入展开。

到哪里寻找

化石只在沉积岩层中被发现，因此古生物学家们会在中生代沉积岩中搜寻恐龙化石。虽然恐龙只生活在陆地上，但它们的尸体往往会随着河流进入海洋，所以古生物学家们也会到曾经存在过中生代海洋的地区展开工作。

化石猎场

许多中生代的沉积岩已被深埋在地底。为了寻找恐龙化石，古生物学家们需要进入地表岩层已被河流或海洋破坏、暴露出中生代岩层的地区。中生代岩层也会在人们开采矿石或开凿岩石修建公路时暴露出来。

最佳场所

寻找恐龙化石的最佳场所是那些岩石被大范围持续侵蚀的地区。这些地区往往是偏远的沙漠或裸露的岩石地区，即人们所说的荒地。荒地大多是险峻、狭窄的山谷，同时也是不毛之地，这使得从岩石露出的恐龙化石能被轻易发现。

隐蔽的化石

不幸的是，古生物学家们并不能探查所有的中生代沉积岩。一些中生代岩层被深埋在其他岩层、土壤、水，甚至建筑物底下。因而，有许多恐龙化石有可能被永远地埋藏。例如，悬崖中的化石，在被人们发现

恐龙化石碎片

之前往往就被侵蚀掉了。有些地方则会因为战争、政治因素和恶劣的气候条件而无法到达。

偶然发现

有些惊人的发现是由农民和修路工人偶然间获得的。最近的一项重大发现来自阿根廷巴塔哥尼亚的一个农民。他偶然看到了从地面露出的动物残骸，事后被古生物学家们证明是某条超长恐龙的颈骨。

发掘恐龙化石

对恐龙化石进行挖掘、运输和清洗的过程艰难而又耗时。准备工作和检测恐龙骨骼也需要花费古生物学家们数月甚至数年的努力。在这之前，每一项恐龙化石发现的意义都是未知的。

剥离化石

发现化石后，古生物学家们就会用鹤嘴锄、铲子、锤子和刷子将周围的岩石和泥土小心地移除。部分坚硬的岩石会使用更强有力的工具甚至炸药来除掉。化石周围的大片区域也会被仔细地检查，附近可能留有同一只恐龙的更多遗骸。

记录信息

一旦古生物学家们发掘了某个遗址的全部化石，他们就会对每块化石进行测量、拍照、绘图和贴标签。每块碎片的具体位置也会被小心记录。这些详细信息是日后骨骼重构所必需的。

搬运化石

化石出土后，要包裹起来以免损坏。小块化石可用纸包上然后放进

恐龙化石

包里，而大块则用石膏包裹。通常情况下，化石仍会以嵌在岩石中的形态存在，因此岩石也会被石膏包起来。一些化石过于沉重，不得不用起重机来搬运。

仔细清洗

化石的清洗和准备工作在实验室里进行。首先，要把保护层切割掉，再将化石周围的所有岩石细心打磨掉，或用弱酸溶剂溶解。其次，用细针或牙钻小心翼翼地将仅剩的岩屑除去，并使用显微镜观察细部。骨头用化学溶剂加固，以防止它碎裂，然后保存到安全的地方。

观测内部

一些化石，如头骨和未孵化的蛋，藏在岩石中，不切割化石而移动岩石是不可能的。但是，复杂的 X 光扫描仪已经能够探知岩石里面的化石形状。使用扫描仪，科学家能够知道如头骨里脑室的大小或蛋里面小恐龙的位置等信息。

早期恐龙的遗址——月亮谷

位于阿根廷的月亮谷，得名于它那月亮形状的、由嶙峋的岩石和深邃的峡谷组成的地形地貌。一些最早的恐龙化石在这里被发现，包括艾雷拉龙、皮萨诺龙和始盗龙。它们生活在大约 2.25 亿年前的地球上。

侏罗纪化石

大多数从月亮谷发掘的化石根本就不是恐龙化石，而是似鳄祖龙，它们是那个时期占统治地位的掠食者。其中最大的是蜥龙鳄，是一种长达 7 米的凶猛捕食者，长有尖长的爪子和牙齿。它笨重的身体和短小的四肢使它行动起来慢于恐龙。

沙漠化地貌

变化的地貌

如今的月亮谷已是干燥、多尘的不毛之地，但在 2.25 亿年前，曾有许多大河流经这里，使得它降水充足。河水经常漫溢，四周的土地洪水泛滥。在这个地区还发现了 40 多米高的巨型树干化石，可以推测月亮谷曾经覆满森林。

为猎而生

艾雷拉龙是它那个时期最大的肉食恐龙之一。它的好几处特征让它成为一种成功的掠食者，包括锋利的爪子和长在上颌的特殊长牙。它长长的后腿使它奔跑迅速。艾雷拉龙很可能以草食恐龙皮萨诺龙、始盗龙和其他爬行动物为食。

北美化石群

最早的恐龙化石发现于欧洲，但北美洲才是"恐龙热"真正流行的地方，这在一定程度上是由两位古生物学领军人物的激烈争执引起的。

1858 年，动物学家约瑟夫·莱迪将在北美洲发现的第一具恐龙骨架称作鸭嘴龙。但在 19 世纪末期，爱德华·德林克，科普和奥斯尼尔·查理斯，马什这两个化石搜寻舞台上的重要的领军人物发现了大量的动物化石，而他们之间的争论则激起了公众的浓厚兴趣，去关注北美洲那些迷人的史前生命。

收集过去

科普和马什去世前，都收集到了极其多样的遗骸化石。其中既包括植食性蜥脚龙——迷惑龙（当时被称为雷龙）的第一具骨架，还含有一

恐龙化石群

系列的肉食性动物，如异特龙科、暴龙科恐龙，与角龙亚目中一些仅存在于北美洲的恐龙物种。这些化石对追查动物进化所沿循的方式也很有帮助：例如，马什收集到了一个完整的马化石系列，从中便能看出，这些动物是如何慢慢适应北美洲开阔平原的生活的。

宝藏

由于幅员辽阔、地形多样，北美洲成为了古生物学家的天堂。很多最重要的发现都来自于美国中西部地区的"不毛之地"和沙漠，那些地方的古沉积岩已经被河流、雨水和大风慢慢侵蚀掉了。其中一些遗址产出了大量的化石，如新墨西哥的幽灵牧场，那里有1000多具腔骨龙（一种小型的两足类肉食性恐龙）的遗骸。这些遗骸可以证明，这种灵活的动物是成群结队进行猎捕的。还有一个遗址是加拿大艾伯塔省的雷德迪尔河，那里产出的恐龙种类比世界上其他类似的地区都要多；而再往西一些，时间也再退回一些，加拿大还是伯吉斯页岩的产地，而伯吉斯页岩化石群是世界上最重要的化石群之一，展现了早期动物的生命形态。

并非所有在北美洲发现的遗骸化石都是被埋在岩石中的。洛杉矶外著名的拉布雷亚沥青坑就是一些黏性沥青的沉淀物，这些物质自史前就已经开始从一些天然泉水中往上渗了。而正是在这种危险的池子中，有成千上万具受困动物的遗骸化石得以重见天日。

最近的发现

北美洲以盛产巨型化石而出名，在最近几年里，人们在那里又找到了一些特别的线索。其中最令人兴奋的是，1990 年在美国的南达科他州苏，韩卓克森发现了一只巨型霸王龙的骸骨。这具化石便被以发现者的名字命名为"苏"，现在陈列在芝加哥的菲尔德博物馆中，是世界上最庞大最完整的霸王龙骨架。与之前的发现不同，苏的骨架中含有叉骨，这就证明了人们普遍相信的那个观点——鸟类是从肉食性恐龙进化而来的。

有些化石的发现完全就是个意外。1979 年，两个徒步旅行者在新墨西哥州无意中发现了地震龙的尾化石。古生物学家顺着这条尾巴，便找到了这只植食性恐龙骨架的其余部分，至今还在挖掘中。

扩张的海洋

在白垩纪时期，北美洲形成的内海逐渐扩大，把大陆分为东西两部分。东部仍与欧洲相连，西部却成为了一个孤岛，发展出了独有的恐龙种类。不像当时世界的其余部分蜥脚亚目占据着统治地位，北美洲西部拥有众多的鸭嘴龙、暴龙和角龙。

亚洲亲戚

虽然北美洲的西部被孤立成了一个岛屿，但在白垩纪的某几个时期，它和东亚之间曾经短暂地出现过大陆桥。每次海平面下降时，大陆桥就

巨大的恐龙化石

显露出来，恐龙就能够穿过它。因此，某些东亚恐龙和北美洲恐龙之间存在惊人的相似。

最古老的掠食者

1947 年，在新墨西哥北部著名的幽灵牧场考察的一队古生物学家发现了超过 100 具保存良好的腔骨龙骨骼化石。这些骨骼化石显示腔骨龙是一种轻巧的兽脚亚目恐龙，成年个体体长不到 3 米。它是迄今发现的最为古老的兽脚亚目恐龙之一。

杀戮机器

在 6500 万～7000 万年前，最晚出现的大型肉食恐龙之一暴龙横行北美洲。暴龙体形庞大，并具有超强的视力和听力，来帮助它追踪猎物。它的腿部肌肉极为发达，可以在极短的距离内完成加速。然而，它的前肢却十分短小，其功能至今仍不得而知。前肢太短以至于无法将食物举起送入口中，同时也太小，因而即便十分强健，也无法在战斗中派上用场。

南美洲化石群

许多南美洲最激动人心的恐龙发现来自阿根廷，其中包括某些迄今发现的最古老的恐龙化石。

南美洲发现的三叠纪恐龙化石使古生物学家了解了早期恐龙的长相。例如，南十字龙和皮萨诺龙，都体形较小、速度迅捷，并且都用两条腿行走。

最早的大型恐龙是原蜥脚类恐龙。它们在侏罗纪末期出现在南美洲，它们的化石如今在世界各地都有发现。阿根廷发现的原蜥脚类恐龙是里澳哈龙，它长达 10 米，是它所在时期最大的恐龙。存世稀少南美洲发现的侏罗纪恐龙化石要比其他大洲少得多。到目前为止，南美洲发现的侏罗纪恐龙化石全部都来自阿根廷。它们包括巨大的蜥脚类巴塔哥尼亚龙和弗克海姆龙，以及兽脚类的皮亚尼兹基龙，其中后者可能以前两者为食。但是，南美洲应该存在更多的恐龙，因而最近古生物学家开始前往那里搜寻恐龙化石。

古生物学家们曾认为，冈瓦纳古陆是在白垩纪早期四分五裂的，但如今他们已经相信南美洲和非洲在白垩纪中期仍然相连。1996 年，一种名为激龙的白垩纪中期棘龙在巴西被发现。在非洲也曾发现过白垩纪中期的棘龙化石，这意味着那个时候两个大陆仍然相连，因而棘龙化石得以散布在这两个大陆。

位于阿根廷的月亮谷，得名于它那月亮形状的、由嶙峋的岩石和深邃的峡谷组成的地形地貌。一些最早的恐龙化石在这里被发现，包括艾雷拉龙、皮萨诺龙和始盗龙。它们生活在大约 2.25 亿年前的地球上。

大多数从月亮谷发掘的化石根本就不是恐龙化石，而是似鳄祖龙，它们是那个时期占统治地位的掠食者。其中最大的是蜥龙鳄，是一种长达 7 米的凶猛捕食者，长有尖长的爪子和牙齿。它笨重的身体和短小的四肢使它行动起来慢于恐龙。

如今的月亮谷已是干燥、多尘的不毛之地，但在 2.25 亿年前，曾有许多大河流经这里，使得它降水充足。河水经常漫溢，四周的土地洪水泛滥。在这个地区还发现了 40 多米高的巨型树干化石，可以推测月亮谷曾经覆满森林。

月亮谷发现的最小的恐龙化石是一种名为始盗龙的肉食恐龙，它的身长仅有 1 米。虽然始盗龙是一类肉食恐龙，但它的体形意味着它不得不花更多的时间去躲避其他动物。它以小型爬行动物和昆虫为食，可能也吃一些植物。它的嘴的后侧长有尖利的牙齿用来撕碎肉食，前端则长有相对较圆的牙齿，可以帮助它将树叶从树枝上扯咬下来。

月亮谷地貌

还原的恐龙

　　南方巨兽龙的大部分骨骼已被发现，其中包括头骨和牙齿。它的牙齿极为巨大，呈剑状，非常适合撕咬猎物的血肉。它很可能通过不断地撕咬使猎物流血致死成为它的食物。

非洲恐龙化石

　　非洲是一片广阔的大陆，在那里发现了不少惊人的恐龙化石。南非保持着一项还没被打破的纪录：发现了距今 5000 万年前的恐龙化石。而东非拥有一个蔚为壮观的侏罗纪恐龙遗址。最后，古生物学家在马达加斯加和位于北非的沙漠找到了令人振奋的发现。

　　在 20 世纪 90 年代，某种已知最古老的恐龙的两块颌骨在马达加斯加被发现。据估计，它们是生活在 2.3 亿年以前的原蜥脚类恐龙。

北非的许多恐龙背上都长有将皮肤支成帆形的骨钉。科学家对于帆的作用还没有定论。这些帆也许是用来吸引异性，或者是用来帮助恐龙看起来更具有侵略性的。也有的科学家认为这些帆的作用与剑龙的骨板相似，主要用来控制恐龙的体温。中生代割草机尼日尔龙是北非非常稀有的恐龙之一，它是生活在 1 亿到 9000 万年前的蜥脚类恐龙。有 15 米长的尼日尔龙是中型的蜥脚类恐龙，但它长有令人难以置信的宽颌部，其中生有大约 600 颗针形牙齿。尼日尔龙可以在草面上挥摆脖颈并用它的牙齿修剪草皮，这种进食方式就像一台庞大的割草机。尼日尔龙的大部分骨骼都已被发现。

一种被称为帝鳄的史前巨鳄和尼日尔龙生活在同一时期、同一地区。帝鳄比现生鳄鱼大 2 倍还多，比它们的 10 倍还重。它的眼睛生在头顶，

恐龙蛋化石

可以倾斜，因而它能够潜在水底观察经过的动物。帝鳄很可能以恐龙和其他大型动物为食。

卡鲁盆地是一片被高山包围的宽广低地，它覆盖了南非 2/3 的国土面积。在侏罗纪早期，它还是一片一望无垠的沙漠，那里的恐龙在燥热的环境下生存。

卡鲁盆地由厚厚的沉积岩层组成，始于 1.9～2.4 亿年以前。通过观察每个岩层不同类型的岩石种类，科学家可以推测出当时的气候条件。我们从中得知，侏罗纪早期的恐龙生活在沙漠环境里，因为当时的岩层是由可被风吹动的细沙粒构成的。

在卡鲁发现的恐龙化石体形相对较小。这可能是因为体积小的恐龙更适合在沙漠里生存，它们更容易找到遮阳所。卡鲁盆地最小的恐龙是莱索托龙，它只有一只火鸡那么大。

异齿龙化石是卡鲁发现的另一种快速移动的小型恐龙化石。它有 3 种不同类型的牙齿，分别用来啮咬、撕扯和磨碎食物。它还长有长长的手指和脚趾，以及强有力的爪子，这使得它非常善于挖洞。像今天的许多沙漠动物一样，异齿龙可以通过在沙地里挖掘地穴来躲避太阳的照射。

长约 4 米的原蜥脚类恐龙大椎龙化石是卡鲁发现的最大的恐龙化石。然而，脖子和尾巴占去了大椎龙体长的绝大部分，而它的身体只有小马那么大。大椎龙长有特别大的手脚，可以帮助它挖掘植物和它们的根，以及任何的地下水源。

卡鲁盆地曾经横跨非洲板块和南极洲板块的边界。当 1.9 亿年前泛古陆开始分裂时，这两大板块互相分离，因而在卡鲁产生了许多裂缝。燃烧着的炽热熔岩，或者说岩浆，从裂缝里喷涌出来，蔓延了 200 万平方千米的土地。大多数恐龙和其他动物逃到了其他地区躲过了这次灾难，但是岩浆毁坏了它们的栖息地；使得之后的很多年在卡鲁上都不可能有动物生活。

恐龙考察队的发现

最大的化石考察活动曾在东非坦桑尼亚名为汤达鸠的偏远山区展开。从 1909 年持续到 1913 年，大约有 900 人参加了这次考察。在这次考察中，共有 10 种不同的侏罗纪晚期恐龙被发现。

汤达鸠考察队是由一队德国古生物学家组织起来的，他们雇用当地人挖坑，几乎挖遍了整个汤达鸠。当地人需要步行 4 天把化石运往最近的港口，使得化石能够装船运往德国。4 年里，250 吨化石被转移，从遗址到港口的搬运多达 5000 次。

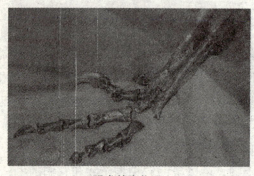

恐龙的脚化石

许多在汤达鸠发现的恐龙化石种类也在美国犹他州的恐龙国家纪念公园被发现。非洲和北美洲在侏罗纪晚期曾连在一起，因而同一种恐龙在两块大陆都有分布。例如，兽脚类的异特龙和角鼻龙在这两个遗址都有发现。虽然只在汤达鸠发现了一些角鼻龙的牙齿，但从它们的尺寸可以推测它们来自一种大型的角鼻龙。溺水而亡淹没而形成的。钉状龙可能是骨钉最多的剑龙，长有 7 根尾钉和 2 根肩钉。它可能会利用尾钉抵抗如角鼻龙等大型兽脚类恐龙的攻击。

在这个遗址里还发现了 5 种不同种类的蜥脚类恐龙化石：重龙、叉龙、詹尼斯龙、汤达鸠龙和腕龙。腕龙是世界上最高的恐龙。与其他蜥脚类不同，腕龙的上肢比下肢要长得多。这样，腕龙把它的肩膀和脖颈从地面撑向高处，使自己能够吃到其他恐龙够不到的树叶。

几只腕龙的遗骸在汤达鸠被发现。通过将不同个体的骨骼拼凑在一起，古生物学家得到了一具完整的腕龙骨骼。该骨骼如今保存在德国柏林洪堡博物馆的展厅中，它站起来有 25 米长，12 米高，是迄今为止世界上最大的完整恐龙骨架。

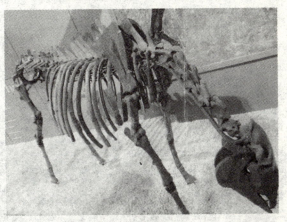
恐龙化石

在 20 世纪早期，一位名为恩斯特·斯特莫的德国古生物学家在埃及的撒哈拉沙漠发现了许多恐龙化石。这些化石被运往德国，保存在一个博物馆里。1944 年，第二次世界大战中的一次空袭轰炸了这个博物馆以及斯特莫收集的全部恐龙化石。

斯特莫发现了兽脚类棘龙、巴哈利亚龙、鲨齿龙和巨龙科的埃及化石。化石被毁之后，科学家对这些恐龙的了解都只能基于斯特莫对它们的详细描述。

棘龙化石是最先被发现的棘龙科恐龙化石，它长有与鳄鱼相似的长吻突和尖牙齿。与鳄鱼类似，棘龙也有丰富的食源。它以鱼为食，也捕食其他恐龙。棘龙可能是最大的兽脚类恐龙，它能长到 15 米长，背部长有一面巨大的帆，使它们看起来更加魁伟。

斯特莫对鲨齿龙的了解仅限于它是一种长有类似鲨鱼的三角形尖牙的巨型恐龙。随后在 1995 年，大量鲨齿龙的头骨在摩洛哥被发现。

这些头骨证实了鲨齿龙是最大的肉食恐龙之一，并且还是在南美洲发现的南方巨兽龙的近亲。这两种恐龙可能拥有共同的祖先：当非洲和南美洲仍然相连的时候曾经存活过的某种恐龙。但当陆地四分五裂之后，这两种恐龙就开始朝着不同的方向进化了。

恐龙化石

2000 年，一队古生物学家出发前往巴哈利亚绿洲确认斯特莫发现的恐龙遗址。由于斯特莫并没有留下任何地图，他们必须通过比较地形地貌和斯特莫的描述来确定遗址的位置。如今的巴哈利亚绿洲已是一片炎热干燥的沙漠，但对那里的岩层的研究表明，在白垩纪晚期那里是一片沼泽地，大量的动物曾在那里栖息，其中包括海龟、鳄鱼和鱼类。

考察队还发现了一种新的巨龙潮汐龙的化石。它是自 1916 年后埃及发现的第一个新恐龙物种，也许是已知的第二大的恐龙。在化石附近还发现了一颗兽脚类恐龙的牙齿。可以推测某只兽脚类恐龙曾以潮汐龙尸体上的腐肉为食，也或者这颗牙齿来自袭击并杀死潮汐龙的肉食恐龙。

欧洲的恐龙化石

恐龙可能曾遍布欧洲，但由于许多欧洲国家拥有过于稠密的人口，因而在那挖掘恐龙化石并非易事。不过，欧洲仍拥有悠久的恐龙化石发掘和研究的传统。热带沼泽在中生代早期，欧洲还是一片炎热干旱的大陆。到了白垩纪时期，欧洲气候变得更具热带特性，河流、沼泽、繁茂的森林出现了。当时欧洲的地貌与今天美国佛罗里达州的埃弗格来兹沼泽地区十分相似，那里是很多现生爬行动物的乐园。种类繁多的恐龙生活在白垩纪时期的欧洲，其中包括甲龙、鸭嘴龙和蜥脚类恐龙。

欧洲恐龙板龙是一种常见的欧洲恐龙，是生活在三叠纪晚期的长颈原蜥脚类恐龙。它的骨骼化石已在欧洲的 50 多处地点被发现。最大的遗址位于德国的特罗辛根，在那里曾发掘出数百具保存完好的骨骼化石。凶猛的瓦尔盗龙古生物学家一直认为肉食恐龙并不曾在欧洲存活过，直到最近较大数量的驰龙骨骼片段被发掘，其中包括 1998 年在法国发现的白垩纪晚期驰龙瓦尔盗龙。瓦尔盗龙长有强壮的四肢和尖利的牙齿，以及在驰龙中十分常见的弯钩状的趾爪。轻巧迅捷美颌龙是侏罗纪晚期一种小巧的兽脚类恐龙。迄今为止只发现过两具美颌龙骨骼化石，并且都在欧洲。其中一具是在 1859 年德国的索侯芬被发现，大部分骨骼都被完好地保存了下来。甚至它在临死前吞下的蜥蜴，也在它的腹腔里变成了化石。

　　一项欧洲最重要的恐龙化石发现包括超过 30 具禽龙化石。这些骨骼化石在比利时的一座煤矿中被发现，使禽龙成为世界上研究得最为透彻的恐龙之一。

恐龙化石

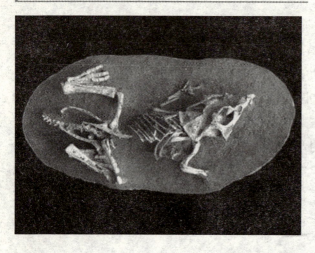

1878年出土的禽龙骨骼化石是在偶然中被发现的，当时人们正在比利时西部的一个煤矿挖矿，偶然发现了数十块骨化石。他们请来了一名古生物学家，他鉴定出这些骨化石来自禽龙。经过进一步的发掘，共有4个禽龙群被发现。那里可能还存在更多的化石，但由于经费不足，挖掘禽龙的工作在20世纪20年代被迫中止，而几年后整个煤矿不幸被洪水淹没。

煤矿中发现的大多数禽龙化石属于一个新的种类，科学家根据附近的贝尼萨特村将它命名为贝尼萨特禽龙。这种草食恐龙可以长到大约9米长，其中有两具禽龙化石比之更弱小，被称为阿瑟菲尔德禽龙。更多的这种禽龙化石后来在欧洲被发现。

比利时禽龙化石的发现令科学家们理智地转变了关于禽龙外形的观点。发现的骨骼不仅是完整无缺的，而且骨与骨之间结合良好，因此古生物学家能够观察禽龙的骨骼是怎么结合的。在此之前，由于只有少数的骨骼片断被发现，科学家们把禽龙复原成一种长有鼻角的矮壮动物。新发现的骨架表明禽龙事实上要纤长得多，而原来认为的鼻角其实是长在拇指上的钉刺。

参照比利时发现的禽龙骨架，科学家们重构了尾巴拖在地上、竖直站立的禽龙的外形。但最新研究表明这种姿势并不准确。现在，科学家们认为禽龙习惯背部水平，尾部垂直在后，大多数时候都用四条腿行走，但也能只靠两条强健的后腿进行奔跑。

亚洲的恐龙化石

亚洲是最早发现恐龙化石的大陆。公元 265 年的中国古籍中记录了"龙骨"的出现，今天的人认为它们实际上是恐龙化石。大约有 1/4 已知的恐龙来自亚洲，其中的大部分来自中国和蒙古。1913 年，四川省发现了中国的第一具蜥脚类恐龙化石。如今，这个地区以发现了比世界上其他任何地区都多的侏罗纪中期恐龙而闻名。四川恐龙包括：剑龙类化阳龙，尾部长有刺棒的蜥脚类蜀龙，恐龙中脖子最长的蜥脚类马门溪龙。

在中生代大部分时期，印度都是冈瓦纳古陆的一部分，与亚洲的其余部分相分离。因此，比之亚洲恐龙，不如说印度恐龙更像其他冈瓦纳古陆恐龙。例如，名为阿贝力龙的兽脚类恐龙曾在印度、非洲和南美洲被发现，却没有存在于亚洲其余部分的迹象。巨爪是主要在亚洲被发现的镰刀龙化石，是一类长相奇怪的恐龙，它们看上去就像巨大的鸟类。

成年镰刀龙长达 10 米，全身覆有羽毛，吻突出的末端长有无齿的喙。镰刀龙是已知最大的镰刀龙类恐龙，它的手上生有同样巨大的 70 厘

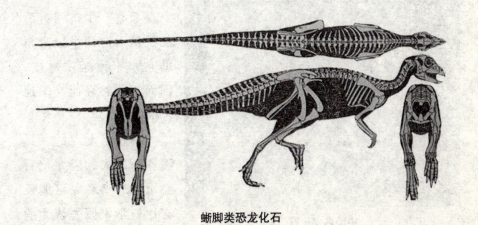

蜥脚类恐龙化石

米的爪子。古生物学家认为它利用巨爪抓取食物。20世纪90年代，在中国辽宁省的一系列发现改变了对恐龙的认识。古生物学家发现了长羽毛的小型兽脚类恐龙化石，这证明鸟类是恐龙的直系后代。埋在尘埃中辽宁恐龙化石始于白垩纪早期，当时的辽宁是一片充满生机的林地。附近的火山不定期地释放出毒气和尘埃，杀死了周围的所有动物。死去的动物有时会被火山灰掩埋，使得尸体变成化石之后被保存得惊人的完整。

1996年，中华龙鸟化石首次被发现，它是第一块身上存在羽毛生长痕迹的恐龙化石。科学家认为中华龙鸟的羽毛形成一层柔毛层，帮助它保持体温。但是，从别的特征来看，中华龙鸟却是典型的兽脚类恐龙：尖利的牙齿、趾爪、强健的上肢。

1997年在辽宁发现的尾羽龙化石是那里发现的第三种长羽毛的恐龙化石，它甚至比中华龙鸟更像鸟类。尾羽龙的化石显示它的全身几乎覆满又短又柔的羽毛，在尾巴和上肢上长有又长又硬的翎毛。但是，它的上肢太短，根本飞不起来。

小盗龙是在辽宁发现的最晚的长羽毛的恐龙化石。它长有锋利的弯钩形爪子，和某些现生的树栖动物如啄木鸟、松鼠等十分相似。科学家认为小盗龙能够爬上树枝，并且大部分时间都待在树上。和大多数鸟类一样，小盗龙每只后足上都长有一个指向身后的趾爪。这两个趾爪帮助它牢牢地抓住树枝，因而它能够轻而易举地停栖在树上。

2000年发现的一具昵称为戴夫的恐龙化石显示，近鸟恐龙可能长有比科学家原先认为的

中华鸟龙化石

多得多的羽毛。

　　戴夫的羽毛密密地生长在它的四肢上，上至吻突的尖部下至尾巴的末端。甚至还有一名科学家试图说服别人：戴夫能够拍翅飞行。

　　长羽毛的恐龙并非辽宁发现的唯一令人瞩目的恐龙化石。一种名为鹦鹉嘴龙的长角恐龙化石首次向人们揭露，某些恐龙长有刚毛。它们的刚毛呈长的发状结构，从它们的尾部长出。科学家认为刚毛能帮助鹦鹉嘴龙吸引异性。

沙漠里的恐龙化石

　　蒙古的戈壁沙漠拥有多种多样的白垩纪晚期化石，也是搜寻恐龙化石最艰难的地方之一。戈壁沙漠的面积有两个英国那么大，没有公路，经常遭受突然且剧热的温度变化。在白垩纪晚期，戈壁沙漠曾被沙丘、沼泽和河流覆盖。它有足够的植被供多种多样的恐龙、蜥蜴和早期哺乳动物在这里生活。许多不同种类的蜥脚类在这里被发现，同样也有兽脚类、鸭嘴龙科、肿头龙类和甲龙类。1922 年，由罗伊·查普曼·安德鲁斯率领的美国考察队在一个被称为火焰崖的地方迷失了方向。在一处峭壁的边缘，考察队的摄影师偶然发现了一具角龙类原角龙的头颅化石。当时，考察队并没做多少探究就匆匆回国，但一年之后，他们又回到了这个遗址，发现了从未被发现过的恐龙巢穴。

　　安德鲁斯又先后 3 次回到火焰崖搜寻恐龙化石，但在 1930 年 ~ 1990 年间，由于政治原因蒙古禁止美国人入境。与此同时，蒙古、俄罗斯和波兰组成的考察队探索了更多的区域，发现了大量的恐龙化石，其中包括 5 只小绘龙形成的化石。古生物学家认为，它们是在一场沙暴中一起被掩埋的。

　　一个波兰和蒙古联合考察队在一处名为图格里克的遗址中发现了两

考察队发现的恐龙化石

具纠结在一起的恐龙骨骼。驰龙科伶盗龙的上肢正在紧抓着原角龙的头颅，表明这两只恐龙是在厮打的时候死去的。因此，它们被称为"厮打的恐龙"。科学家认为它们是被坍塌的沙丘杀死的。

伶盗龙是一种体形较小却十分致命的捕食者。它奔跑迅速，并在第二脚趾上长有尖利、有韧性的趾爪。这对趾爪总会被抬离地面，以保证足够锋利而能够作为致命的杀伤武器。这一说法的证据来自于被称为"厮打的恐龙"的化石，其中伶盗龙的第二趾爪被发现穿入了原角龙的胸腔。

一些在戈壁沙漠最惊人的发现来自纳摩盖吐盆地。它占地4840平方千米，位于戈壁沙漠南部的谷地。1948年，前往纳摩盖吐的第一支考察队发现了大量的化石，今天那里仍有化石被发现。

从纳摩盖吐发现的最大的兽脚类恐龙化石是特暴龙化石。特暴龙是暴龙的近亲，甚至也有人认为它们就是同一种恐龙。特暴龙长有巨大的颌部和尖长的牙齿，却有着与庞大的身躯不成比例的娇小上肢。它能在短距离内完成加速，但它的短上肢意味着在奔跑时跌倒将会是致命的，因为上肢对保护它的头部和身体没有一点帮助。

纳摩盖吐最常见的恐龙是似鸟龙类的似鸡龙。似鸟龙外形酷似鸵鸟，却有鸵鸟的两倍那么大。似鸡龙可能是跑得最快的恐龙，最快能达到每小时 50 千米。它依靠速度来摆脱捕食者的袭击，而它强壮的腿可以做出强有力的踢打。

1965 年，一对长达 2.4 米的上肢骨骼在纳摩盖吐盆地被发现，它属于一种新的恐龙。科学家命名这种恐龙为恐手龙，意为"恐怖的手"他们认为恐手龙属于似鸟龙的近亲，因为它们的上肢十分相似，尽管恐手龙的上肢有似鸟龙的 4 倍那么大。与似鸟龙一样，恐手龙可能以植物和小动物为食。

1993 年，科学家在纳摩盖吐盆地发现了一个新的恐龙遗址，叫做乌哈托喀。它的面积只有 50 平方千米，但已有超过 100 具恐龙化石在这里被发现。它也是世界上最重要的中生代哺乳动物化石遗址。这里发现的白垩纪时期哺乳动物头骨化石比世界上其他遗址发现的加起来还要多。一只瓜乌哈托喀最奇怪的发现之一是一只名为单爪龙的长羽毛的小型恐龙，它的名字的意思是"一只爪"。它长有极其短小的上肢，而每

巨大的恐龙爪

只上肢只有一只结实的大爪。它的上肢太短因而够不到自己的脸，但是非常强健。单爪龙会利用生藤凿穿蚁丘，从而能吃到土丘里面的白蚁。

大洋洲的恐龙化石

大洋洲包括澳大利亚、新西兰和周围的一些海岛，那里只发现了少量的恐龙，并且其中的大多数是在最近几十年才发现的。新西兰发现的第一块恐龙化石是在 1979 年，而大部分新西兰的恐龙化石都是由一位女古生物家琼·韦冯发现的。

在中生代的大部分时期，澳大利亚和新西兰都与南极洲连在一起，形成一片广阔的极地大陆。即使中生代时期的极地环境要比如今的极地温暖许多，在那里生存的恐龙也不得不忍受极地苛刻的气候条件和黑暗漫长的冬季。在新西兰发现的第一块恐龙骨骼化石是某大型兽脚类恐龙的一块趾骨。从那以后，更多的兽脚类恐龙在这里被发现，同样也有蜥脚类、鸟脚类和甲龙类。但是，新西兰大部分的中生代岩层都是在海底形成的，因此发现的大部分化石来自海洋动物，如蛇颈龙类等。

鸟脚类恐龙化石

澳大利亚发现的恐龙化石比其他任何大陆都少，这是由于在澳大利亚只有很少的古生物学家寻找恐龙。大部分澳大利亚的中生代岩层都位于难以到达的偏远地区，但最新的恐龙发现显示澳大利亚存在巨大的潜力，在不久的将来应该会有更多激动人心的发现。

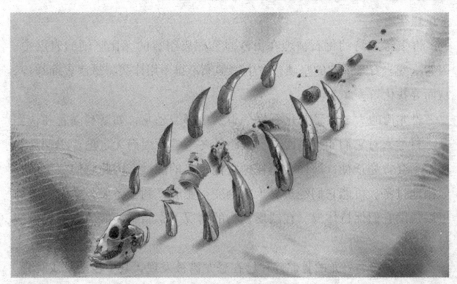

被黄沙埋没的恐龙化石

大多数澳大利亚的恐龙化石来自昆士兰州的白垩纪岩层。它们包括蜥脚类的瑞拖斯龙，名为敏迷龙的小型甲龙，鼻部长有大肿突的长相奇怪的鸟脚类木他龙。科学家认为雄性木他龙的吻突长有明亮的斑纹。

在 20 世纪 80 年代，在西澳大利亚州的布鲁姆发现了巨大的蜥脚类恐龙足迹。这些足迹显示庞大无比的恐龙曾在澳大利亚漫无边际地游走，但直到最近科学家们仍没有找到骨骼化石证据来证明它。在 1999 年，一个农民在昆士兰州的温斯顿发现了一具蜥脚类恐龙的遗骸。古生物学家们至今仍在挖掘它的骨骼。他们把化石发现地的拥有者的名字"埃利奥特"当做这种恐龙的昵称，并认为它将是澳大利亚最大的恐龙。

位于澳大利亚南部维多利亚海岸的恐龙湾，是澳大利亚最佳的恐龙猎场之一。它的崖壁常受海水侵蚀，暴露出大片中生代岩层。

在恐龙湾发现的恐龙化石全部来自白垩纪早期。当时澳大利亚已同南极洲分离开来，但它南部的土地仍位于南极圈里。在夏天，这些地区全天都有日照；但到了冬天，这里迎来了一连 5 个月极夜的日子。即便在这样的条件下，仍有植物化石表明这些地区覆有森林，在这里还找到了昆虫化石。

　　许多恐龙湾的化石被埋在由沙岩和泥岩组成的无比坚硬的岩层中。因为这些岩石是如此的坚硬，古生物学家不得不用炸药将悬崖表面炸掉，从而寻找化石。

　　恐龙湾的大多数恐龙化石都是小型鸟脚类恐龙，如雷利诺龙和快盗龙。科学家对它们能熬过漫长、黑暗的冬季的原因尚无定论。小型动物通常不会长途迁徙，那样会消耗掉它们太多的能量，因此它们很可能在原栖地过冬。可能它们经过夏天就会变得肥胖，到了冬天，多余的脂肪可以帮助它们保持体温。在缺乏食物的情况下，脂肪还能给它们提供能量。

　　数种兽脚类恐龙的骨骼碎片已在恐龙湾被发现，其中包括一块胫骨，古生物学家认为它来自一只似鸟龙，还有一块踝骨，它可能来自一种与异特龙具有亲缘关系的兽脚类恐龙。这些肉食恐龙可能在夏天捕捉出没的小型鸟脚类恐龙，冬季就迁徙到恐龙湾以外的地区。

第四章 恐龙灭绝的猜想

数星期内骤然灭绝之谜

在美国蒙大拿州和北达科他州进行的一项新研究显示：一度横行于地球的庞然大物——恐龙之所以迅速灭绝，是因为一颗小行星撞击地球，在北美洲燃起一道火墙，气温随之骤降数星期所致。

渐进主义学派有一种理论，认为恐龙的势力渐渐衰微，已经走上了下坡路，这时小行星撞击地球，给了它们致命的最后一击。米尔沃基公共博物馆的彼得·希汉通过研究 6500 万年以前的地层化石结构，对上述说法提出质疑。他说："我们发现，当时恐龙生活得相当好，灭绝的厄运是突然降临的。"

渐进主义学派的代表——加利福尼亚大学伯克利分校的威廉·克莱门斯指出，他们的研究已持续了 20 年之久。地狱谷岩层上部九英尺的构造表明，小行星撞击地球之前 200 万年的地层里，恐龙化石分布稀少。因此可以推断：统治地球两亿年的恐龙，还没等到天降横祸，就已经走上了穷途末路。

肉食恐龙的头骨化石

希汉据理反驳，说他们对地狱谷岩层露出地表的部分研究了3年。结果表明：恐龙直到最后灭绝之前，都保持着物种的多样性和庞大数量，根本没看到衰落的迹象。在总计180英尺深的岩层里，以霸王龙和三犄龙分别为代表的肉食和草食恐龙，在数量和种类上始终维持着稳定状态。在小行星撞击地球形成的多铱岩层之上，就再也找不到恐龙化石了。

究竟是否骤然灭绝，仍然是个未解之谜。

主因性功能衰退之谜

"由于古气候及地质——地球化学因素的影响，据今6500万年前的白垩纪末期，雄性恐龙出现了性功能障碍，大量的恐龙蛋未能受精，导致了恐龙最终灭绝。

中国广东资深地学专家杨超群研究员，日前提出了有关恐龙灭绝的新假说。这一观点已得到了广东省一些知名地质、古生物专家的肯定。

广东省地质勘查开发局有关人士介绍说，杨超群剖析了目前关于恐龙灭绝原因的多种假说，并对广东、河南等地盛产恐龙蛋化石地层的层位和时代进行了综合对比研究后发现，河南西峡等盆地的原地埋藏型的恐龙蛋化石能大量完好地保存下来，而恐龙骨骼化石则零星可见，是恐龙蛋未能孵化从而导致恐龙灭绝的直接见证。

支持这一观点的例证，是英国一名化石商人在来自中国的70个恐龙蛋中，只发现一个有胚胎化石，这也说明恐龙蛋的受精率颇低。

在恐龙繁盛的侏罗纪时期，雌雄恐龙的生殖能力都很强，大量的受精蛋均孵化出了恐龙，因此出现了保存大量恐龙骨骼化石而未见恐龙蛋化石的情况。到了晚白垩纪，雌性恐龙的生殖功能仍较强，但雄性恐龙却出现了性功能障碍，大量的蛋未能受精，因此出现了大量的蛋化石而骨骼化石则相对十分稀少的情况。而且，从晚白垩纪早期到晚期，地层中的恐龙蛋化石逐渐减少，说明恐龙的生殖功能逐渐衰退，恐龙的数量不断减少，最终灭绝。

恐龙胚胎化石

杨超群根据晚白垩纪至早第三纪地层中常见有膏盐（石膏、岩盐等）矿物及（或）膏盐层的事实，分析了导致恐龙生殖功能衰退的古气候及地质——地球化学因素。他认为，当时是在持续炎热干旱的气候条件下，由于强烈的蒸发浓缩作用，使湖水中的矿化度逐渐增高而演变成盐湖。恐龙在饮用了盐湖的水后，特别是在盐湖水中的硫酸根的浓度大大增高时，极可能对它们的生殖功能造成破坏。此外，华南与含恐龙蛋化石同时代的地层中，有的地方还发现含铀砂岩，铀的核辐射对恐龙的生殖能力也有一定的负面影响。

杨超群还举了中国新疆西部伽师县和岳普湖县一带流行的一种男性不育、女性不孕的地方病——伽师病的例子，说明其病因是由于病者饮用了硫酸根、氯、钠、镁含量过高的克孜河河水所致，这与恐龙生殖功能的衰退有类似之处。

缘于地质灾难之谜

有相当一部分古生物学家和地质学家认为，是规模庞大的火山爆发扼杀了恐龙这种古代巨兽。持此观点的科学家们认为，当火山喷发时，自地幔到地壳表层形成一股强大的岩浆柱。而这一岩浆柱非常类似于巨型蘑菇，它的伞状"帽冠"直径可以覆盖方圆达1000多公里的地表。

这种火山爆发导致的生态灾难不亚于大行星撞击地球。火山爆发时形成的大量富含化学物质的尘埃严重影响太阳光穿越大气到达地球并导致产生类似于"核冬季"的效应。火山爆发这种地质灾难还完全能够破坏地球表面的臭氧层，而一旦臭氧层被破坏，地球将会又陷入到一个"紫外线的春天"：在灾难发生之后的数年内动物界中的大型爬行动物将遭受宇宙辐射的强烈冲击。

美国地质研究小组负责人哥特·凯勒表示，在恐龙灭绝前的数百万年里，印度洋海域类似的火山爆发就曾经导致过巨大的生态灾难，大量无脊椎海洋动物的代表如巨型章鱼、海洋软体动物及三叶虫纲从此就在地球上销声匿迹。顺便提一句：目前为止，科学界尚未找到古生代时期大型天体撞击地球的任何证据。

目前，地质学家已经证明，像火山爆发这类大型地质灾难在地球历史上的的确确发生过，而且还不止一次。科学家们在对海底沉积岩进行了详细分析后找到了有利于这一理论的新证据：他们在地球上各个区域内都找到了同一次火山爆发时所形成的沉积岩遗迹。这就清楚地说明某些火山爆发及其所产生的危害具有全球性质。

火山灰中的恐龙头骨

据来自英国加的夫大学地质、海洋及行星研究所的安德烈·科尔表示："目前争论的一个焦点就是火山爆发时喷射出的岩浆柱到底有多大威力。我可以告诉世人，岩浆柱能够影响某个海域的形成，还能够剧烈地改变地容地貌。像这样的全球性地质灾难足以影响生物的进化过程。很有可能，正是这样的地质作用导致了哺乳动物在地球上的繁衍，并且导致在稍晚时候智人的产生。"

一些专家认为，杨超群关于古气候及地质——地球化学因素引起恐龙生殖功能逐渐衰退以至灭绝的新假说，无疑对当前保护人类生存环境与防治污染具有意义。

由于水星轨道摆动之谜

距今约 6000 万到 7000 万年前地球上发生过一件大事，那就是生物界"霸主"恐龙的突然消失。恐龙的灭绝是如此神秘，个中原因至今还众说纷纭，尚无定论。有人说恐龙可能是得癌症死的，还有人说"凶手"可能是一场罕见的干旱。目前科学界比较广为接受的"外星撞击说"认为，是一颗小行星撞击地球导致了恐龙的灭绝。

美国科学家的研究最近又为恐龙的死因提供了一种新的可能，他们认为，恐龙之死是水星惹的祸。加利福尼亚大学洛杉矶分校太空生物学中心的布鲁斯·朗纳加尔称，他们的电脑模拟表明：6500 万年前，水星的轨道发生摆动，导致一颗小行星飞向地球，成为恐龙大灭绝的罪魁祸首。

朗纳加尔和他的同事使用电脑模型对 2.5 亿年前的太阳系进行了"还原"。他们特别着重于计算每个行星的近日点——运行轨道上最接近太阳的点。行星的近日点通常以数百万年为周期围绕着太阳运转。由于星体间的作用力，这种周期会随着时间的改变而发生轻微的改变。朗纳加尔等的最新研究发现，近日点周期的这种改变，会对行星内部产生一种"敲击效应"，并进而改变行星的轨道。他们的模型表明，6500 万年前，水星的轨道因此而发生摆动。并对太空中的一个小行星带产生影响，

太阳系

增加了其中的小行星离开轨道的几率。水星的摆动并不足以使大量小行星进入地球，但朗纳加尔认为，它很有可能使单个的小行星走上与地球相撞之路。朗纳加尔等人的解释实际上仍可归入"外星撞击说"，不过是为毁灭恐龙的那场大撞击找到了一个初始的"推动力"。

尽管如此，仍然还是有其他一些研究人员对把水星轨道摆动与恐龙灭绝联系起来持怀疑态度。

北爱尔兰阿马天文台台长马克·贝利说，朗纳加尔的理论是建立在一系列不太可能的事件的基础上的。他认为水星不会对太阳系产生影响，因为"它太小了"。贝利说，该研究小组的模型是非常棒的，但把它和恐龙联系在一起太勉强了。

臭氧层空洞导致灭绝之谜

俄罗斯科学院的专家在对俄远东地区的 4 处已被发掘的 "恐龙墓地" 进行研究后认为，恐龙灭绝的原因与臭氧层空洞密切相关。

在距今约 1.3 亿年前的侏罗纪，恐龙家族曾在生物界称霸一时。但到了距今约 6 千万到 7 千万年前的白垩纪，这些 "霸主" 们却都神秘地灭绝了。个中原因，至今众说纷纭。

近年来，俄科研人员在俄远东的昆杜尔地区和布列亚河附近等 4 个地点发掘出了大量的白垩纪恐龙骨骼化石。专家在对其进行研究时发现，在很多恐龙的骨骼化石上都留有该恐龙生前曾长期肢体溃烂的证据。俄专家将上述发现与本地区的地球历史研究成果相结合，提出了一个观点：恐龙灭绝的原因与臭氧层空洞的出现和剧烈的气候变化密切相关。

据介绍，在白垩纪时期，太平洋中部曾发生过规模极大的海底火山爆发。火山爆发后，海水涌向了陆地，部分地改变了恐龙的生存环境。这位专家指出，规模如此之大的火山喷发必然会生成大量含碳气体，这些气体足以严重改变地球大气成分，使大气中出现超大面积的臭氧层空洞。这样，阳光中的紫外线就会肆无忌惮地穿过 "空洞" 洒向地球。过量的紫外线辐射不但能使恐龙的肢体产生病变和溃烂，而且还能够影响食物链和改变地球气候。对于适应能力不强的恐龙来说，这无异于灭顶之灾。此后，火山爆发的影响逐步减弱，海水开始退却，含碳气体排放量急剧减少，臭氧层空洞逐渐消失，地球气候再次大规模改变，而这更加剧了恐龙的灭绝。

上述观点还只是俄科学家的初步论断。今后，科研人员将继续研究以论证这些观点。此外，与大自然的力量相比，人类活动对地球气候所产生的影响是较为有限的。

据悉，俄在其远东地区进行的地球历史研究工作已得到了联合国教科文组织的支持。来自其他 18 个国家的科学家已参加了上述研究。专家们将通过这些研究来探寻自然灾害、气候变迁与物种兴衰的关系，预测地球的未来。

超级大火造成灭绝之谜

有些科学家认为令恐龙在 6500 万年前灭绝的主因，可能并非是坠落墨西哥湾的一枚巨大小行星导致的天气剧变，而是小行星引发的一次全球性甲烷大火灾所致。

科学家指出，大量积聚于海底 500 公尺下泥层的腐烂植物，在低温及高压环境下跟水分子结合，形成固态甲烷水化物。那次撞击令地球出现的冲击波，使大量甲烷从海泥层释出，导致大气层火。

研究员认为，早前发现"白垩纪晚期（约 6500 万年前）泥层曾遭破坏，可能是由于甲烷从佛罗里达州沿岸的布莱克山脊释出造成"。甲烷后

中华鸟龙

来被闪电击中爆发燃烧，引起蔓延全球的超级大火。

以往最为可信的恐龙灭绝原因是小行星的撞击掀起尘埃，把阳光遮盖，令地球天气剧变，使恐龙无法生存。

罪魁祸首——大规模海底火山爆发之谜

意大利著名物理学家安东尼奥·齐基基提出，恐龙灭绝的原因可能是大规模的海底火山爆发所致。

齐基基是一名理论物理学家，现在领导着埃托雷·马约拉纳研究中心一个研究小组的科研工作。他认为，大规模的海底火山爆发影响了海水的热平衡，进而使陆地气候发生变化，影响了需要大量食物的恐龙等动物的生存。他说，如今海底火山爆发所造成的影响有目共睹，只是其影响程度相对于当年大规模的海底火山爆发要小了许多。

齐基基说，人们过去对海底火山爆发的情况了解甚少，现在需要对这一现象进行认真研究。他说，格陵兰过去曾被植被所覆盖，但全球性的海洋水温平衡变化造成了寒冷洋流流经格陵兰，使之成为冰雪覆盖的大地。由此可以看出，海洋水温的变化影响巨大。因

恐龙蛋化石

此，应将海底火山爆发等引起海洋水温变化也作为研究恐龙灭亡之类问题时的一个考虑因素。

关于恐龙灭绝的原因，目前较为公认的是6500万年前一颗外来天体撞击地球，导致地球气候失常，恐龙所需的食物大大减少，这些庞然大

物被活活饿死。齐基基的假说是否正确，仍是未解之谜。

海啸加速灭亡之谜

一些科学家声称 6500 万年前的小行星引发了一场席卷全球的巨大海啸，最终加速了恐龙的灭绝。

在墨西哥靠近圣·罗萨利奥的海岸峡谷，科学家们发现了大海啸的证据。这里曾经在小行星撞击地球的时候发生过一次巨大的海啸，从而导致了一次巨大的山体滑坡，而海啸的形成地正是在大西洋里。科学家认为，当时海啸的成因可能有两个：一个是小行星直接撞击了海洋；另一个就是小行星的冲击导致海中也同时发生了海底峡谷滑坡，从而导致大量的海水涌向海岸，形成海啸。

很多年以来，地理学家们已经知道西大西洋一直到纽芬兰岛的山体滑坡现象的成因就是因为大型的海啸。但是此前一直认为太平洋中没有发生过海啸。

"在圣·罗萨利奥，你能够观察到一个现象，那就是你凭借肉眼就可以发现巨大的滑坡现象。而这个现象正巧发生在 6500 万年前，也就是小行星撞击地球和恐龙灭绝的时代。"来自加利福尼亚大学的格拉特·维普认为。

然而两名美国地理学家——维普和他的研究同伴地理学家凯斯·布西认为太平洋中也曾经发生过巨大的海啸，只不过太平洋中的"痕迹"不像大西洋中那样明显。

北大西洋海岸线以外的海水比其他大洋要深许多，这也给人们的研究带来困难。然而科学家们称这也就是当年发生海啸的最佳证据。而且这里的海洋生物是全球海洋生物中种类比较少的，这下是因为海啸引起的山体滑坡导致它们的灭亡。

此次海啸不仅导致了海洋生物的灭顶之灾，让陆地上的生物也遭受了前所未有的灾难，据欧洲著名生物学家理查德·诺里斯·塔克称，海啸让当时的海平面一下子上升了不少，植物遭到海水的侵袭纷纷死亡，而动物也因为找不到食物死去。根据科学家的推断，正是因为小行星引发的大海啸，加快了恐龙灭绝的速度。

气温下降加速灭亡之谜

加拿大科学家表示，他们在加拿大的阿尔贝塔发现了一组大型的恐龙化石，而正是这些化石说明了它们死亡年代气温的急剧变化。但是这个年代却离小行星撞击地球尚有一段时间。这些化石大约是在白垩纪的最后 1000 万年前形成的，这在地质年代中属于极短的一段时间，白垩纪从 1 亿 4600 万年前一直到 6500 万年前，而 6500 万年前恰好就是小行星撞击地球的时间。也就是说，化石的形成距离地球遭到撞击大约有 1000 万年的时间。

加拿大皇家迪雷尔博物馆馆长、考古学家唐·布林克曼是这次考古发现的领头人。他表示在发现化石的周围环境中有着温度变化的种种证据：化石周围的泥土和石头，以及泥土中的煤炭形成，还有当时植物生长缓慢和伴随着的连绵不断的雨季。这一切的证据都表明，当时地球正在经历着温度急剧下降的一场劫难。

一直以来，人们认为恐龙是一种对温度变化忍

恐龙化石上的石头

耐力很强的动物，因为它们有着同哺乳动物相似的身体结构。但是令人困惑的是，乌龟和鳄鱼以及其他大型的爬行动物对周围的环境非常的敏感，然而它们却最终活了下来。

"在一个生态系统中，恐龙并不是被分割开单独生存的。"布林克曼说，"它们是复杂环境中的一分子，其中包括植物，还有脊椎动物和无脊椎动物。而温度的变化恰恰影响了恐龙赖以生活的生态环境。因此最终导致了灭亡。"

因为温度的急剧下降，因此动物和植物的食物和养料也越来越稀少，最终导致恐龙从地球上消失。根据此次的发现，大约超过一半的恐龙已经在小行星撞击地球之前灭亡，而小行星只不过是加速了恐龙灭绝的速度。科学家相信，即使小行星不撞击地球，恐龙也很有可能会灭绝。

戴尔·拉赛尔，北卡洛莱纳州的教授和高级化石学家，也认为这个发现和学说是非常可行的，但是他同时认为："这次的发现只能够说明区域性的地球温度下降，而不能证明6500万年前全球性气候的急剧下降。"

拉赛尔同时认为早在白垩纪中期，就曾经出现过温度下降的迹象，但是当时恐龙却并没有因此而消亡。其他一些科学家也支持拉赛尔的看法，他们仍然认为恐龙灭绝的原凶应该还是小行星。

植物杀害恐龙之谜

中国科学家最近根据对部分恐龙化石的化学分析，发现了植物杀害这种史前动物的证据。

他们选取了50多个埋藏在四川盆地中部、北部和南部的侏罗纪不同时代的恐龙骨骼化石样本，并对照同时代的鱼类、龟类及植物化石进行了中子活化分析，发现恐龙骨骼化石中存在微量元素异常。

主持这项工作的成都理工学院博物馆长李奎说："这些恐龙化石中

砷、铬等元素的含量明显偏高，有可能是恐龙生前过多食用高砷、铬植物，生命代谢使砷、铬沉淀在骨骼中的结果。"

对恐龙化石埋藏地的植物化石研究表明，植物化石中含砷量也非常高。砷即是砒霜，过量摄入会导致生物死亡。

恐龙化石周围的植物化石

科学家自 70 年代以来，在四川盆地发现了大批恐龙神秘集群死亡的现象。其中，自贡市一处 3 平方公里的范围内，就发现了 100 多头恐龙的化石，它们大部分是素食恐龙。

初步推测，这些恐龙食用含砷植物，引起慢性中毒，一头头在几十年、上百年的时间里逐一死去。由于恐龙是集群生活，所以它们的化石被发现埋藏在一起。

怪诞说法——放屁导致恐龙灭绝吗

恐龙这世界霸主，在从中生代的三叠纪到白垩纪称霸了 1.6 亿年后绝种。恐龙绝种的原因众说纷纭，有法国科学家推测，导致恐龙绝种的正是它们自己的屁。科学家精确分析了恐龙屁的成分，发现屁中发出的臭气只占所泄之气的 1%，那是氨、硫化氢、粪臭素和挥发性脂肪酸等，而无臭味的氮、二氧化碳、氢、甲烷则占了很大比重。

恐龙家族种类众多，包括特异龙、斑龙、雷龙、梁龙、腕龙、湾龙和三角龙等。它们体形庞大，部分重达 80～100 吨，每天要吃 130～260

公斤食物。试想，恐龙每天不断放屁，它们在一亿多年间释出的甲烷必定相当可观。

是这些甲烷最终破坏了臭氧层，导致地球生态环境的变化？

恐龙死于窝内之谜

关于恐龙的灭绝，有种理论认为，恐龙灭绝是由于大量的恐龙蛋未能正常孵化所致。由于对阻止正常孵化的原因意见不一，出现了几种说法。主张火山说的人认为，火山活动可能会把窝内的恐龙蛋全部破坏掉。火山活动会把深藏于地心的稀有元素硒释放出来。微量的硒是人体不可缺少的，但过量的硒却是有毒的。

在印度德干地区和丹麦交界处就发现过硒。生活在火山活动地区的恐龙会不可避免地吸入过量的硒元素，从而影响后代繁殖。在法国白垩

破碎的恐龙化石

纪的蜥脚类恐龙的蛋壳内就含有较多的硒，而且越靠近交界处的恐龙蛋壳内硒的含量越高，于是孵化的失败率也就越高。对于正在成长的胚胎来说，硒是毒性很强的元素，只要一丁点儿就会把胚胎杀死。素食恐龙在进食中如果吃进了过多的含硒的火山尘埃，就会被毒死；素食恐龙灭绝了，以它们为食的肉食性恐龙也就很难再活下去。

过去曾经有一种说法，认为恐龙灭绝的原因之一是由窃蛋龙或哺乳动物打破了恐龙蛋，偷吃了蛋中的营养物质。现在已经给窃蛋龙平了反，因为它的尖嘴是用来吃坚果的。这种恐龙是孵蛋的，而不是偷蛋的。事实证明，吃蛋的动物从来不会把它们提供食物的物种斩尽杀绝。所以白垩纪的哺乳类即使是吃恐龙蛋的，也不会违背上述生态学规律。那么，恐龙究竟是否死于窝内呢？现在还没有一个确切的定论。

其他独特的见解

除上述几种说法外，还有一些观点，它们初看起来似乎有些道理，但也经不起推敲。例如大陆漂移论者认为，大陆漂移使远古的古陆解体，古地理环境发生变化，引起了地球气候的改变，使恐龙因不能适应而死亡。但恐龙化石的研究却表明，它们可以在寒冷来临前向气候温热的地区迁徙。

又比如有人提出，在白垩纪与第三纪之交，地球磁场发生异常。从而引起恐龙生理以及生殖功能的紊乱，最后导致恐龙死亡。在过去漫长的地质年代曾出现过多次磁场倒转（反向），至今原因仍不甚了了。即使恐龙果真遇到过这么一场劫难，在恐龙化石中也应能测出超常的原生剩余磁性，可是直至今日尚未找到这样的记录。

1987年，有人在一块8000万年以前的琥珀里发现了气泡。经过测试，发现其中氧的含量过少，于是有人提出恐龙的灭绝是由于空气中氧

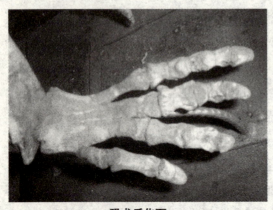

恐龙爪化石

气的含量过低造成的。因为尽管恐龙的新陈代谢比较缓慢，但氧气不足也不能维持正常的活动。另外也有人说是氧气含量过高所致。如果恐龙在氧气过量的大气环境中生活，就会消耗过多的能量，需要不停地吃东西，以补充体力的消耗，这最终也会导致死亡。这种理论也不够严密。琥珀的封闭性不一定很好，即使天衣无缝，气泡中空气的纯度也值得怀疑。而且它只能说明那个时代某一时刻某一地区的空气情况。

在100多种恐龙灭绝的假说中，也有一些荒谬绝伦的说法。比如有人说，恐龙吃得多，排出的粪便也多，它们不会处理垃圾，最后便被淹没在垃圾之中相继死去。又有人说，恐龙因为得了难以忍受的皮肤病而离开了世界。也有人说，由于食物的缺乏或遗传因素的作用，恐龙集体自杀了。还有人认为，恐龙是在猎取食物时被哺乳动物杀死的。更有甚者，竟然提出恐龙是因为对生存感到厌烦而光明正大地死去的……奇谈怪论，不一而足。但这正说明恐龙的灭绝是相当复杂的待解之谜，绝不是一个简单的原因所能解释的，有些问题还需要我们作进一步的分析和研究。

第五章　陆地霸主留下的谜题

四个翅膀的怪异恐龙之谜

中国科学家宣布，他们发现了已知最早的会飞的恐龙，它长有四个翅膀。

这一研究被评价为鸟类起源研究有史以来最重要的突破。目前，世界大多数科学家认为，鸟类是由恐龙演化来的。

突破性发现

新发现的"顾氏小盗龙"生活在距今 1.1 亿到 1.2 亿年之间的白垩纪早期。这种恐龙浑身披有羽毛，最为奇特的是，它不仅前肢羽化成翅膀，后肢也同样如此。科学家称，这种四翼形态还没有在其他脊椎动物中发现。

负责此项研究的中科院古脊椎动物与古人类研究所徐星说："这项新发现的研究意义和所提供的信息是难以估量的。恐龙向鸟类转化这一生物进化过程远比想象的复杂。"

美国俄亥俄大学威特默教授说，这一工作对研究鸟类起源有重要意义，而且它将迫使古生物学家们重新审视一些经典的成果，是人们研究鸟类飞行起源有史以来最为重要的突破。

小型恐龙化石

世界关于鸟类起源的研究开始于 19 世纪中叶。"小型恐龙起源学说"与"非恐龙类爬行动物起源学说"一直是争论的焦点。1996 年以来，季强博士领导的科研小组每年都在中国辽西地区发现具有重要意义的化石证据，国际学术界也因此基本接受了"鸟类由小型兽脚类恐龙转化而来"的观点。

尽管鸟类起源于恐龙获得了广泛认可，但鸟类如何由恐龙转化到鸟类却一直存在着"地栖说"和"树栖说"两大争论。由于恐龙是典型的地栖动物，大多数古生物学家认为鸟类的祖先是在地面奔跑过程中学会飞的。

树栖说

新发现复活了"树栖说"。这一发现表明，包括顾氏小盗龙在内的一些小型恐龙生活在树上，借助于重力逐步通过降落、滑翔等掌握了拍打式飞行。在此之前，树栖说的化石证据十分微弱。

2000 年包括徐星在内的中国古生物学家就发现了恐龙中存在"树

栖"特征。徐星说，顾氏小盗龙有可能四足爬于树上，经常在树丛间优美地滑翔而不是两足直立地奔跑。

被研究的化石出土于中国辽宁省西部。该地区同期发现的化石还有包括赵氏小盗龙等恐龙化石和热河鸟、会鸟和长翼鸟等早期鸟类化石。

同批研究的恐龙形态非常接近鸟类，有些特征甚至比始祖鸟还进步。顾氏小盗龙全长大约 77 厘米，有尖锐弯曲的爪子和比身体长的尾巴。除了前肢相对较短，其他特征均表明顾氏小盗龙的飞行能力较始祖鸟更强：前肢结构比始祖鸟更接近现代鸟类；发育有较大的胸骨和七对较为进步鸟类才有的钩状突。

顾氏小盗龙的名字是献给中国著名古生物学家顾知微院士的。该研究是在国家自然科学基金委、科技部和中国科学院等机构的资助下完成的。

恐龙干尸重现人间

美国蒙大拿州出土了一具 7700 万年前的恐龙干尸，令人惊讶的是，其肌肤纹理、胃中残留物、喉部器官、脚趾甲及其他一些内脏保存完好。科学家指出，可以由此对恐龙形态及生活方式有更多了解。

在古生物学年会上，菲利浦国家博物馆馆长来特·墨菲及两位同伴对该恐龙进行了技术性描述，这只名为莱昂纳多（Leonardo）的恐龙震惊了学术界。有科学家甚至将其重要性与罗塞

恐龙复原图

塔之石相提并论。于1799年发现的罗塞塔之石帮助人类学家破译古埃及的象形文字，而莱昂纳多有助于古生物学家了解灭绝已久的物种的生理结构。研究人员说，目前仅发现三具恐龙干尸。

这具恐龙干尸目前存放在蒙大拿菲利浦国家博物馆。古生物学家认为这是一只鸭嘴龙，从出土的地质分析，它来自7700万年前的白垩纪晚期，死时约三四岁。

世界最大的恐龙脚印之谜

中国甘肃省地质工作者在甘肃永靖县内发掘出了一群保存十分完整清晰的恐龙足印化石。专家指出，在被发掘的化石当中，有一组是迄今为止世界上发现的最大的恐龙足印。

岩石上留下了大量恐龙足印的化石

在永靖县境内的黄河河畔，地质工作者经过近半年的挖掘，挖出了100多个清晰可见的恐龙足印化石。这些化石都产出在一个山坡的砂岩层面上，可分辨的一共有10组。足印保存得十分完整，可以清晰地分辨出每组脚印的走向。其中最大的一组足印长1.5米，宽1.2米，而且前足印大，后足印小，并成对出现。中国科学院古脊椎动物研究专家赵喜进目前已对挖掘出的足印进行了鉴定。据他介绍，该遗迹目前裸露面积约400余平方米，含两类蜥脚类巨型足印（四足行走），一类瘦脚类足印（虚骨龙类，两足行走）、一类鸟类足印，并且共生有恐龙尾部支撑痕迹、卧迹及粪迹等，是一处世界罕见的、具有重大科学意义的恐龙遗迹化石产地。其足印之大，类别和属种之多，保存之清晰完好，堪称世界之最。

经专家初步测定，这些足印形成的地质年代大概有两种可能，一是距今约一亿六千万年前的晚侏罗纪，二是距今约一亿年前的早白垩纪。关于这一问题，专家正在开展进一步研究。据介绍，这些足印是在当时的湖滨上留下的，脚踩下后带出的泥沙也保存完好，经过上亿年的演变后，变成了现在所见的化石。在砂岩层面上还可以清楚地分辨出水的波纹以及泥沙脱水固结时形成的龟裂。

据专家介绍，在400余平方米的地区内，10组足印中有六组是非常清晰连续的，足印的布局表明，当时恐龙主要是沿湖岸或由水边向陆地方向行走。据推测，很可能是一大群食植类恐龙在觅食或饮水过程中留下的，同时周围还环绕或尾随有食肉类恐龙。

一般恐龙足印化石的发现都是经过分化作用后自然裸露出来的，都有一定程度上的破损，细微处的棱角都不太清楚。而这次发掘的化石,是地质工作者们一层层人工揭露出来的，因而保存的相当完整清晰。

目前，专家已经确定，留下巨型足印的是以吃植物为主的蜥脚类恐龙。至于这些足印具体是什么种类恐龙留下来的，还需专家对这些化石做进一步的研究。

现在专家已确定这些足印属于3种类型的恐龙。同时，专家还发现了恐龙的卧痕以及粪便的痕迹。

这 100 多个足印是由 10 只恐龙踩出的，它们又属于 3 种不同的类型。中国科学院古脊椎动物与古人类研究所教授赵喜进认为，一种类型是大的蜥脚类，身长 30 多米；还有一种是小型的蜥脚类，有可能是幼年个体，比较小，它的垫是圆弧的脚垫；第三个类型是虚骨龙，属于吃肉的，肉食性的。

在中国已经发现的恐龙遗迹中，大部分为蜥臀目恐龙。而这类恐龙又分为兽脚类和蜥脚类。它们的主要区别在于蜥脚类以吃植物为主，体形相对较大，在甘肃留下巨大足印的恐龙就是属于这一种。而兽脚类恐龙个体较小，却以吃肉为生，性情凶残，这种三趾足印就是食肉恐龙留下的，根据爪痕专家确定它是虚骨龙。同时，在远离湖面的地方发现了这种长长的印痕，初步断定这是一只食素的恐龙躺卧过的痕迹。而这一小片印痕却是由恐龙的粪便形成的。

有人拍下活恐龙

一名前自然博物馆工作人员声称在英国康沃尔海岸拍摄到活恐龙的照片。这位名叫詹姆斯·霍尔姆斯的男子称这张照片已拍过很久，但因为害怕被嘲笑，至今才有胆量公开。他相信照片中长脖子的"怪物"就是具有传奇色彩的康沃尔怪兽。49 岁的霍尔姆斯认为它的正式名称应是蛇颈龙，一种在 6500 万年前广泛分布于地球的海洋爬行动物，有细长的脖子和桨状的四肢。霍尔姆斯提供的照片上可看见一个总长 2.2 米的生物，它的头高高扬起高出水面约 1 米。

霍尔姆斯曾任当地自然博物馆高级科学官员 19 年，他曾多次拿着照片征询专家的意见，但显然所有人都被难住了。

从上世纪 70 年代开始，就不断有人声称看见康沃尔怪兽的报道，甚至有人声称，100 年前它已开始出没。今年 3 月，一名渔夫和一名海岸巡逻队船员声称在同一天的不同地点看见这种神秘的生物。

活恐龙追踪

吃昆虫的小型恐龙

恐龙是地球上生活过的最庞大的陆上动物。凡是见过恐龙骨架化石或复原标本的人，对它那巨大的身体，奇异的形状和凶猛的形象都会留下极其深刻的印象。而恐龙的突然灭亡，也使人感到不可理解。因此，人们自然而然地会想：在这个地球上，恐龙有没有留下后代。而每当世界各地发现神秘的未知动物时，也就有人认为，他们看到的怪兽就是活着的恐龙。

在非洲中部的刚果，乌班吉河和桑加河流域之间，有一个湖，名叫泰莱湖。泰莱湖周围是大片的热带雨林和沼泽，人迹罕至，根本无法通行。这里生活着土著居民俾格米人，据他们说，在泰莱湖中，有一种名叫"莫凯莱·姆奔贝"（意为"虹"）的怪兽。这种怪兽半像蟒蛇，半像大象，身长十二三米，有 10 多吨重，长着长长的脖子和尾巴，脚印像河马，但比河马大得多。怪兽生活在水中，只在夜里出来活动。它以植物为食，一般不伤人。

从土著居民的描述来看，这种怪兽很像中生代生存过的蜥脚类恐龙。这引起了许多动物学家们的极大兴趣，它是活着的恐龙吗？

一时间，刚果成了科学家和探险者们瞩目的地方。1978 年，一支法国探险队进入密林，去追踪怪兽的踪迹，可是他们从此一去不返。

1980 年和 1981 年，美国芝加哥大学生物学教授罗伊·麦克尔和专门研究鲤鱼的生物学家鲍威尔两次带领探险队前往刚果，他们深入泰莱湖畔的蛮荒之地，从目击过怪兽的土著人那里了解了许多情况。一个名叫芒东左的刚果人说，他曾在莫肯古依与班得各之间的利科瓦拉赫比勘探河中看到怪兽。因为那时河水很浅，怪兽的身躯差不多全露了出来。芒东左估计怪兽至少有 10 米长，仅头和颈就有 3 米长，还说它头顶上有一些鸡冠似的东西。

考察队员们拿出种动物的照片，让当地居民辨认。居民们指着雷龙画片毫不犹豫地说，他们看到的就是那东西。在泰莱湖畔的沼泽地带，考察队员们发现了"巨大的脚印，还有一处草木曲折侧状的地带，脚印在一条河边消失"。他们认为怪兽是从此处潜入河中去了。据麦克尔博士

巨大的恐龙化石

说："脚印大小和象的脚印差不多"，"那片被折倒的草地显然是一只巨形爬行动物走过留下的痕迹"。但是由于天气恶劣和运气不好，他们始终没能亲眼看到怪兽。麦克尔相信，刚果盆地的沼泽中确有一种奇异的巨大爬行动物。

1983年刚果政府组织了一支考察队，再次深入泰莱湖畔。据说他们拍下了怪兽的照片，但这些照片一直没有公布。

90年代刚果地区政局动荡，战乱频繁，多次发生武装政变和军事冲突，这使科学考察很难再继续进行，追踪泰莱湖畔怪兽的工作，只好暂时终止。因此，怪兽究竟是不是残存的活恐龙，也仍然还是一个不解之谜。

"恐龙公墓"的形成之谜

位于中国四川省自贡市的大山铺恐龙化石地点，以其埋藏丰富、保存完整而令世人瞩目，因此有些科学家把大山铺形象地称为"恐龙公墓"。那么，这个"恐龙公墓"是怎样形成的呢？这个谜一样的问题吸引了许多科学家的兴趣。他们从不同的角度研究这个问题，得出了一些结论，虽然还不能完全解开这个迷，但是多多少少为我们最终认识这个问题提供了可供参考的依据。下面就介绍3种理论。

原地埋藏论

这个理论由成都地质学院岩石学教授夏之杰提出，其根据是岩石学以及恐龙化石的埋藏特征。

大山铺恐龙的埋藏地层在地质学上属于沙溪庙组陆源碎屑沉积，以紫红色泥岩为主，夹有多层浅灰绿色中细粒砂岩和粉砂岩，属河流相与湖泊相交替沉积。也就是说，在1亿6000万年前的侏罗纪中期，大山铺

霸王龙化石

地区河流纵横、湖泊广布。这样的自然环境，再加上当时温和的气候条件，使得这里完全成为了一个恐龙生存繁衍的"天堂"，成群结队的各类恐龙生活在这片植被茂密的滨湖平原上。但是，很可能是由于食用了含砷量很高的植物，大批的恐龙中毒而死，并被迅速地埋藏在较为平静的砂质浅滩环境里，还没有来得及被搬运就被原地埋藏起来，因此形成了本地区恐龙化石数量丰富、保存完整的埋藏学特征。

这个理论因符合埋藏学原理而显得很独特，但是它还是使人感到证据不足，因为当时大山铺地区的植物的砷含量的平均背景值是多少？能够致使恐龙猝死的砷含量又是多少？分析砷含量时的取样是否有代表性？这些问题依然需要进一步地深入研究。

异地埋藏论

这个理论认为大山铺的恐龙是在异地死亡后被搬运到本地区埋藏下来的。其证据包括：

（1）如果是原地埋藏，无疑应该大多数是完整或较完整的个体，而事实恰好相反，本地区恐龙化石虽然已经发掘采集了 100 多个个体，但其中完整或较完整的仅有 30 多个个体，大约只占总数的 1/5。

（2）综观化石现场，除埋藏丰富、保存完整容易被人发现的特征外，有一种不易被人所注意的普遍现象是，靠近上部或地表的化石较破碎零散，大都是恐龙的肢骨，而且很像经过搬运后被磨蚀得支离破碎的样子；同时越是接近上部岩层，小化石越多，如鱼鳞、各种牙齿遍及整个化石现场，翼龙、剑龙与蛇颈龙的椎体也十分零星，并具有从南到北依次从多到少的分布规律。下部岩层则几乎都是体躯庞大的蜥脚类恐龙，保存都不完整，很明显是经过搬运后的结果。

（3）砾石层的发现是研究沉积环境的重要根据。大山铺发现的砾石均位于化石层的底部，从其特征判断是经过搬运的产物，可能与恐龙化石群的形成有密切关系。

综合论

多数的科学家认为，大山铺恐龙公墓中大部分化石是搬运后被埋藏下来的，也有少部分为原地埋藏，因此这是一个综合两种成因而形成的

中华鸟龙

恐龙墓地。本区恐龙与其他脊椎动物为何如此丰富？如果只有恐龙一个家族在此埋藏，两种理论可能都比较容易理解，但是除恐龙外，这里还有能飞行的翼龙以及水中生活的蛇颈龙、迷齿两栖类等，它们的生活环境各不相同。

地质研究证明，侏罗纪中期的大山铺是一个洪泛平原，这些古老的爬行动物也可能和现生动物一样，对生活环境具有明显的选择性。恐龙中性情温和的蜥脚类恐龙活于地形较低的湖滨平原上；剑龙喜居于距湖滨稍高而常年蕨类丛生的山林中；鸟脚类恐龙以其形态结构轻巧灵活又善于奔跑的特点，活跃于较高的台地上。

其他脊椎动物，如翼龙，仅能在湖岸林间作低空飞行。恐龙与这些脊椎动物的生活环境和习性有着极大的区别，但它们为何会集中埋藏到一起呢？大概只能是经搬运从不同地点转移过来的。但是为什么又有许多完整的化石骨架呢？这显然又是原地埋藏的产物。最后，这种种现象看来只能有一种解释，即大山铺"恐龙公墓"的成因是原地埋藏和异地埋藏两种方式综合而成。

古埃及化石之谜

在非洲埃及的红树林地区发现了新型食草类恐龙化石。上腕骨约长1.7米，由此推定，全长约27至30米，体重75至80吨，它是最重量级的恐龙。被命名为"岸边的巨人"。

该化石发现的场所是距开罗西南300公里处，白垩纪中期9900万年至9350万年前的地层。共出土了上腕骨、脊椎骨、肩胛骨和盆骨等。根据分析结果推测，他有着长长的脖子和长长的尾巴，身体短小，属于长颈恐龙类。

在他的附近还发现了一块食肉恐龙的牙齿化石，估计可能是在死亡后尸体还曾经被破坏过!

最长的恐龙足迹之谜

最长的足迹化石

20 世纪 90 年代，一个由美国丹佛科罗拉多大学恐龙足迹专家马丁·洛克莱教授率领的古生物考察队在位于土库曼斯坦和乌兹别克斯坦边境上的一片泥滩上，发现了迄今为止所发现的世界上最长的恐龙足迹化石。其中，有 5 串足迹都比过去在葡萄牙发现的延伸了 147 米的世界最长恐龙足迹还要长，其长度分别为 184 米、195 米、226 米、262 米和 311 米。

这些足迹是由 20 多条巨齿龙留下的。巨齿龙是一种与霸王龙相似的食肉恐龙，但是它们生活在距今 1 亿 5 千 5 百万年前的侏罗纪晚期，那个时候霸王龙还没有出现呢。

新发现的足迹与过去在北美洲和欧洲发现的巨齿龙的足迹非常相似，说明在侏罗纪晚期的时候巨齿龙的分布范围很广。

每个足印的大小与霸王龙的足印差不多，有 60 多厘米长。足印还显示

恐龙足迹化石

其足后跟比较长。足迹显示的跨步长度表明，这些巨齿龙的身体只比一般身长在 12.2 米左右的霸王龙略微小一点。像所有的肉食恐龙一样，巨齿龙的足迹显示它的一只脚的足印并不落在另一只脚的前面，而是在左右足印之间有 90 多厘米宽的间距。科学家据此推测，巨齿龙很可能像鸭子那样摇摇摆摆地走路。

无止的探索

把化石视为妖怪的时代过去了，但前人留给后来者的谜仍然很多。运用居维叶提出的方法，越来越多已绝灭的动物重新现身，其中之一就是"恐龙"。英国人曼泰尔经过毕生探寻，得知恐龙与如今的蜥蜴极为相似。可是第一个把这种远古的大爬虫命名为"恐龙"的却是另一位英国人欧文。欧文 1804 年生于英国的兰开斯特，精通解剖学，1836 年被任命为教授，成为当时英国科学界的领袖人物。"恐龙"Dinosaufia 一词的前半部分源于希腊文"deinos"意为"可怕"，后半部分的"Sauros"意为"蜥蜴"。

到 1841 年，学者们一共确认 9 种中生代爬虫类动物，其中有两种是欧文发现的。欧文认为，这些化石爬虫不应和当今的爬虫同在一目，更不应归在同一科，它们不是古代的鳄鱼，也不是古代的蜥蜴，它们是独特的爬虫类动物，属于早已从地球上灭绝的庞大族群。为了弄清这个远古生物族群的生存状态，150 年以来，学术界因种种问题争论不休。

我们要说的是，面对遥远的时空，人类的探索永远不会停止。

最后灭亡的恐龙

作为一个大的动物家族，恐龙统治世界长达 1 亿多年。但是，就恐龙家族内部而言，各种不同的种类并不全都是同生同息，有些种类只出

肿头龙

现在三叠纪，有些种类只生存在侏罗纪，而有些种类则仅仅出现在白垩纪。对于某些"长命"的类群来说，也只能是跨过时代的界限，没有一种恐龙能够从1亿4千万年前的三叠纪晚期一直生活到6500万年前的白垩纪末。

也就是说，在恐龙家族的历史上，它们本身也经历了不断演化发展的过程。有些恐龙先出现，有些恐龙后出现；同样，有些恐龙先灭绝，也有些恐龙后灭绝。

那么，最后灭绝的恐龙是哪些呢？显然，那些一直生活到了6500万年前的大灭绝前的"最后一刻"的恐龙就是最后灭绝的恐龙。它们包括了许多种。其中，素食的恐龙有三角龙、肿头龙、爱德蒙托龙等，而肉食恐龙则有霸王龙和锯齿龙等。

恐龙是温血动物还是冷血动物

科学家对于恐龙属于温血动物还是冷血动物，有着不同的看法，而且很多学者持有鲜明又无法调和的观点。想要把这个被人们争论了20多年的问题弄清楚，那就必须找出温血和冷血问题的根本区别，也必须从这个问题入手。

　　动物的血液温度保持不变时，它们的活动效率最高，这是因为它们体内的化学反应在恒温下效果最好。而如果温度上下变化过于剧烈，其身体就不能维持正常运转。冷血动物如蜥蜴和蛇，可以通过自身的行为来控制身体的温度，这被称为体外热量法。温血动物（鸟类和哺乳动物）把食物的能量转化为热量，这被称为体内热量法。温血动物通过出汗、呼吸、在水中嬉戏或者像大象那样扇动耳朵来降低体内血液的温度，从而达到调节体温的目的。

　　温血和冷血两种系统都有各自的优点和缺点。一条温血的狗很快就会耗光所摄入食物中的能量，因此要比一只同等大小的冷血蜥蜴多吃 10 倍的食物。另一方面，蜥蜴每天必须在太阳下晒上好几个钟头来使身体变暖，而且在黑夜或者周围温度降低时，它的身体将无法有效运转。更重要的是，与冷血动物相比，温血动物拥有大得多的大脑和更加活跃的生活方式。所以温血还是冷血的问题实际上就决定了恐龙到底是动作敏捷又聪明的物种，还是行动迟缓又蠢笨的动物。

　　很多大型恐龙都高昂着头，如暴龙和禽龙，腕龙更是极其典型的例子。要把血液压送到大脑，需要很高的血压，这种压力远远超过它们肺部的细小血管所能承受的极限。

腕龙

为了解决这个问题，温血的鸟类和哺乳动物进化出了两条血液循环的通道。它们的心脏从内部分成两部分，两条通道各占一边。个头很高的恐龙也需要一个分为两部分的心脏，一些科学家说，这就证明它们身体的工作方式和温血的鸟类及哺乳动物一样。一些恐龙的确需要一个两部分的心脏，但这并不意味着它们必须是温血动物。现代鳄鱼的心脏从官能上来说是两部分的，但它们仍然是冷血动物。从进化的角度来看，恐龙应该尽可能长久地保持这一优势，也许它们有温血的心肺系统，却用冷血的方式来控制体温。

某些恐龙的庞大身躯和活跃的生活方式也被用来当做它们是温血动物的证明。庞大的蜥脚类恐龙永远也不可能从阳光中获取足够的能量来取暖，因为与它的体积比起来，身体的表面积实在是微不足道的。另一方面，奔跑迅速、经常跳跃、手爪锋利的猎食者，如恐爪龙，如果没有温血动物生产热量的能力，也绝不可能保持如此活跃的生活方式。

然而，把恐龙时代的那种恒久不变的温暖气候作为考虑因素的时候，这些论点的说服力就没有那么强了。在那种不变的温暖气候条件下，如果恐龙的胃部在发酵的时候能产生热量，那么问题的关键就成了如何排除热量，而不是如何保持热量。总之，对于恐龙是温血还是冷血动物，目前还没有准确的答案。

恐龙聪明吗

你认为恐龙聪明吗？1883 年，美国古生物学家奥斯尼尔·马什对迷惑龙的描述中说它的大脑是非常的小，因此，就把它断定为"蠢笨、迟缓的爬行动物"。到现在大多数人对恐龙智商的看法仍然坚信这种观点。如果人们仔细地对恐龙的感官和大脑进行研究，就会有与上述看法截然相反的观点。

最近，科学家们做了很多工作来判定恐龙的大脑与身体的体积比例。有一个保存完好的恐龙头骨，这项工作就不难完成。如果测量出这个头骨的容量，并考虑到大脑所占空间的百分比，就可以得出大脑的体积了。

毫无疑问，某些恐龙的大脑非常小。举例来说，剑龙的体重可达 3.3 吨，大脑却只有可怜的 60 克。而一只同样体重的大象，其大脑重量却是剑龙的 30 倍。大型蜥脚类恐龙的大脑与身体的重量之比更加悬殊，达到十万分之一。

据我们所知，恐龙的一切生活方式都无需大脑做什么工作。腕龙很少猎食或逃避捕食者，而这两种活动才需要大脑的能量。剑龙虽然是群居的动物，但它们的生存并不依赖群体间的交流或者迅速的反应，这不像没有骨板的（因此也就更聪明的）鸭嘴龙。简单的生活方式不需要什么控制力或协作能力。

由此，我们可以得出这样的结论：大脑体积的大小以及复杂性，是与恐龙的生活方式相符的。行动迟缓的草食恐龙位于最底层，游牧型恐龙与群体猎食者在中层，行动敏捷的猎手在最高层。美国芝加哥大学的詹姆斯·霍普森教授在对比不同种类恐龙的大脑和身体时得出了上述结论。根据他的研究，恐龙的智商"排列表"由低到高依次是：蜥脚类、甲龙类、剑龙类、角龙类、鸟脚类、肉食龙类、腔骨龙类。

恐龙的头骨结构也为研究其感觉器官的体积、重要性及复杂性提供了线索。举例来说，有大而前突的眼窝表明这个动物的视觉在感觉中占统治地位，而鼻腔

霸王龙

较大则说明嗅觉所起的作用非常重要。

大多数恐龙的双眼都长在头部的两侧，因此只有单眼视觉，左右两边的视野只有极少部分交叠。这一特点使得它们在观察周围环境时具备非常大的视角，但是无法判断物体的远近。判断距离需要朝前的双眼和相当强的脑力来解读视觉信息。有证据表明，一些大型肉食恐龙，如暴龙，只有一部分交叠的双眼视觉，而体形较小的肉食恐龙却进化出了完善的双眼视觉。它们大脑中控制奔跑、协调爪子运动和处理移动物体的视觉信息的部分进化得尤其完善。这也是伤齿龙等体形较小的恐龙能够成功擒获逃跑的哺乳动物和爬行动物的关键。从伤齿龙头骨上眼窝的体积来判断，它具有非常大的眼睛，并且有同等体形恐龙中体积最大的大脑，其发达程度几乎可以和某些现代的鸟类和哺乳动物媲美。

对于恐龙的智商问题，并不能通过研究恐龙的感觉而给出一个绝对的答案。事实上，恐龙的智商是高是低，这并不重要，尽管有些证据表明：如果恐龙能有类似于人类的智力，它们就能活得"更像样"。其实所有的恐龙都具备这样的脑力，就是能以自己的方式生活，而且可以存活几千万年。

恐龙跑得有多快

不管是恐龙的形状，还是大小，还是移动的速度，这都与它们的生活方式有着密不可分的关系。作为掠食者必须要有极快的移动速度，这才能追捕到猎物。而且它们的下肢有着强大的力量，它们的尾巴可以用来保持平衡。大型的草食恐龙是不需要去追捕食物的，它们的移动速度非常缓慢，而那庞大的身体可以用来保护自己。

科学家根据恐龙腿的长度和脚印间的距离来衡量恐龙的移动速度。恐龙脚印间的距离越大，它的移动速度就越快。相反，如果脚印间的距

奔跑中的恐龙

离很小，那它的移动速度就很缓慢。

恐龙的行走方式

恐龙的脚印化石可以告诉我们它是如何移动的。禽龙用四条腿行走，但是可以用下肢奔跑。巨齿龙巨大的三趾脚印告诉我们它是一种肉食恐龙，总是用下肢移动。

速度最快的恐龙

鸵鸟大小的似鸵龙是移动速度最快的恐龙之一。它没有硬甲和尖角来保护自己，只能依靠速度逃跑。它的速度比赛马还快，每小时可以奔跑50多千米。

跟今天的动物一样，恐龙在不同时候的移动速度不同。暴龙每小时可以行走16千米，但是当它攻击猎物时移动速度会更快。

棱齿龙是移动速度最快的恐龙之一，它在逃跑时速度可以达到 50 千米/小时。

迷惑龙有 40 吨重，它每小时可以行走 10~16 千米。如果它尝试着跑起来，那么它的腿会被折断。

三角龙的重量是 5 头犀牛的总和，它也能以超过 25 千米/小时的速度像犀牛那样冲撞。很少有掠食者敢去攻击它。

移动速度最慢的恐龙是蜥脚类恐龙，它们庞大的体重大约有 50 多吨，这样的身体是没法奔跑的，行走的速度在每小时 10 千米左右。它们不会和小型恐龙似的，用下肢进行跳跃。